服務業管理

Service Industry Management

林月枝、梁錦鵬◎著

國家圖書館出版品預行編目（CIP）資料

服務業管理 / 林月枝, 梁錦鵬著. -- 初版. --
新北市：揚智文化, 2012.03
面； 公分

ISBN 978-986-298-030-9(平裝)

1.服務業管理

489.1   101001096

服務業管理

作　　者 / 林月枝、梁錦鵬
出 版 者 / 揚智文化事業股份有限公司
發 行 人 / 葉忠賢
總 編 輯 / 閻富萍
特約執編 / 鄭美珠
地　　址 / 22204 新北市深坑區北深路三段 260 號 8 樓
電　　話 / (02)8662-6826
傳　　真 / (02)2664-7633
網　　址 / http://www.ycrc.com.tw
　E-mail　 / service@ycrc.com.tw
印　　刷 / 鼎易印刷事業股份有限公司
　I S B N　 / 978-986-298-030-9
初版三刷 / 2015 年 9 月
定　　價 / 新台幣 420 元

序

　　台灣過去經濟發展模式，主要以製造業為重心，中小企業在也成功創造台灣經濟成長奇蹟。然而，隨著經濟結構的轉型、全球化之趨勢，台灣在1980年代後期，服務業的產值及就業人口已超過製造業。行政院經濟建設委員會於2004年特地舉辦「全國服務業發展會議」，研訂的「服務業發展綱領及行動方案」，就以服務業發展再創台灣經濟奇蹟為願景，以提高附加價值、創造就業機會做為二大主軸，選定十二項重點服務業，個別設立發展願景、目標及策略。由此可見，服務業已經是台灣主要的經濟動脈。

　　在現代的服務業競爭會愈來愈激烈，無論是休閒遊憩、飯店、觀光旅遊、交通運輸、銀行保險、娛樂、運動等服務業所面對的顧客將不只是本地人，而是來自世界各地的消費者。因此，現代服務業必須是定位為國際化的高品質服務業。在任何服務業中要擁有長期競爭優勢，除專業的技術外，服務的技巧是不可或缺的，在知識競爭基礎的年代，加上服務的附加價值更是顧客能接受的消費。

　　因此，當我在撰寫本書時即以為服務業的時代來揭開序幕，進而將服務業的範疇與分類加以說明，隨後才進入瞭解服務業的主要基本內涵與管理，最後以服務業的未來為結尾來完成此書。希望能夠以較淺顯易懂的案例敘述，讓學習服務業管理的學生較容易進入實務的感受。

　　此書原本該在兩年前就要完稿，但因編寫過程中，服務業時代的時空背景轉換資料搜尋須花較多時間完成，另一方面編著至前半段時正好面臨家母逝世，傷心之餘不得不暫停編著。今日能夠將此書完成，我要感謝台灣運動休閒產業經理人協會副祕書長梁錦鵬先生，伸出援手協助將本書後半段完成，以及揚智文化公司協助部分照片的拍

攝。由於該書準備較為緊迫倉促，難免有所錯誤與遺漏，尚祈服務業先進與學界前輩不吝給予批評與指教。

林月枝　謹識

2012.01.01

目　錄

Chapter 1

服務業的時代

- ■第一節　現代服務業
- ■第二節　服務業的重要性
- ■第三節　影響服務業發展的環境變數

前　言

　　服務業在現今的經濟發展上，已經成為各個國家經濟活動的重要部門。過去全球經濟重點由農業轉變到工業，今日則是由服務業掛帥領軍。台灣目前在工業和製造業比重逐年下降的同時，服務業在經濟中的重要性也隨著逐年增加，目前服務業已占台灣GDP的七成以上，顯示服務業在台灣的重要性，並已轉型為以服務業為主的「後工業化時代」。

　　在現代的服務業競爭將會愈來愈激烈，無論是休閒遊憩、飯店、觀光旅遊、交通運輸、銀行保險、娛樂、運動等服務業所面對的顧客將不只是本地人，而是來自世界各地的消費者。因此，現代的服務業必須是定位為國際化的高品質服務業。

　　在任何服務業中要擁有長期競爭優勢，除了專業的技術外，服務的技巧是不可或缺的。在知識競爭基礎的年代，加上服務的附加價值更是顧客能接受的消費。因此，在現代的各行各業也一定加入服務的元素作為營運的觀念，不僅是服務業，就連現代的電子科技製造業也都自稱為製造服務業。

　　服務業的一切事務基本上都是以人為主，因此服務重點在於品質，而品質的好壞決定者乃在於顧客，故服務業的管理必須以顧客的角度作為考量點。服務業有各種不同的行業，顧客重視的價值與期待，會因不同的行業而有不同的判斷，因此服務的觀念與原則也會隨著不同的服務業而有所調整。因此，做好服務業的管理便成為現代企業重視的課題。

第一節　現代服務業

　　我國經濟結構的轉變，從過去放眼一觀處處可見是一片片綠油油農田，如今，農夫耕牛在田裡慢慢隨著夕陽西下的場景卻已經難得一見。學童放學後，協助家人至市場販售蔬果的畫面，也變成放學後安親班的娃娃車到校門口接送的場景。曾幾何時工廠內密集加工，或上下班時間勞工騎腳踏車擠滿街道的景象，也愈來愈少見，這些都是象徵台灣經濟逐漸走向現代化。在1966年底，高雄首個加工出口區成立，加工出口區及工業區的設立，吸收大量的剩餘勞力，並成功轉化為拓展對外貿易的主力，讓台灣製造業的國際化腳步邁開。到了1984年，麥當勞在台北市民生東路成立第一家速食店，以不同過去台灣的飲食餐飲業的經營與製造手法，不只對餐飲業，同時也為無數服務業者在服務管理上帶來極大的震撼及啟發，這兩個時代的事件是象徵台灣經濟走向現代化的指標。而現代化的經濟就是要以服務為競爭優勢。

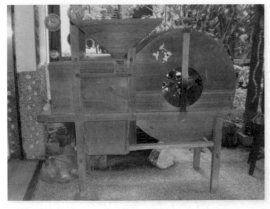

民國51年以前，台灣經濟型態仍以農業為主，牛是耕作的主要動力與耕作器具，更是在當時重要的生財器具

台灣為海島國家，呈現許多靠海為生的漁業型態，
在漁村港口可見到討海人的努力（圖片翻拍自淡水
漁人碼頭漁業博物館、新北市淡水區漁會）

台商赴大陸投資，帶動兩岸貿易成長
資料來源：台灣的故事・經濟篇。

台灣人民在亞洲景氣低迷之際仍具有購買力

現代餐飲業已是多元化的發展

一、因應知識經濟的發展、產業結構的改變及提升國民生活品質

隨著經濟結構的轉型，服務業已經是台灣主要的經濟動脈。行政院經濟建設委員會與相關部會於2004年特地舉辦「全國服務業發展會議」，研訂的「服務業發展綱領及行動方案」，就以服務業發展再創台灣經濟奇蹟為願景，並以提高附加價值、創造就業機會作為二大主軸，並選定十二項重點服務業（將於第二章〈服務業的範疇與分類〉加以說明），個別設立發展願景、目標及策略。另外訂立的「服務業發展綱領及行動方案」，選定以「讓台灣笑得更燦爛」（Brighten Taiwan's SMILE）作為服務業政策的識別標誌。相關訊息可上經建會網站（www.cepd.gov.tw）查看更多訊息。該方案最主要包含五大意涵，可以SMILE的字母來說明，如**表1-1**。

二、金融風暴後經濟發展的模式

過去，台灣靠代工的中小產業，造就台灣經濟奇蹟；全球金融風暴，卻給亞洲國家重重的一擊，敲醒數字的夢幻。過去亞洲國家經濟發展的模式，均建立在歐、美過度消費的文化上；現在歐、美民眾無力延續這種消費文化時，亞洲各國就必須重新思索發展之道。服務業現已成為台灣經濟的主角，在今日的台灣要如何扭轉思維，靠著服務

表1-1　讓台灣笑得更燦爛

Service	發展服務業再創台灣奇蹟
Market	以市場觀念注入服務業
Inno-value	以創新提高服務業價值
Life	以服務業增進生活品質
Employment	以服務業創造就業機會

業來賺全世界的錢,期待再造第二次經濟奇蹟,就成為現代服務業管理的重點。今日台灣服務業要尋求突破性發展,以更快速的腳步帶動國家經濟發展,其發展方向說明如下:

(一)現有服務業加值服務

民國79年至87年,台灣製造業生產結構起了很大的變化,而這種變化是向知識經濟的方向發展。在服務業方面成長率高於經濟成長率,其中以專業型服務業,如資訊服務業、電信服務業、網路業等之成長率更高。像電子商務已成為最時髦的服務業。從這些跡象,可知知識經濟已在台灣萌芽。尤其電子化、數位化與網路化之引進與迅速發展之後,更帶動了知識型產業的演化。因此,以台灣現有競爭優勢出發,提供更豐富的相關加值服務。例如以本土優秀建廠經驗與能力,發展成為專業顧問,提供海外建廠諮詢服務。

(二)新型態服務業創新

透過不同的產業策略整合,創造新型態服務業。以觀光服務產業為例,結合現今最熱門的醫療健檢服務業、整型美容、養生、運動休閒服務業,打造出全新複合式醫療休閒觀光業。更可由非營利機構或學術單位成立新需求與趨勢研究中心,從需求面與供給面進行實務分析,並且定期公布及分享研究成果,以及未來市場發展評估,以便協助企業,共同激盪出可能的新型態服務模式及產業。政府針對可能發展之新興服務產業,提供發展模式與應用之產業研究或產學研究補助,以產、官、學的全面合作以創造實務與理論的結合新型態服務業為目標。

(三)拓展國際服務貿易

政府透過法規鬆綁與合理化,誘導國外頂尖機構在台灣設立服

務點的意願。例如：觀光服務業方面，可吸引國外頂尖醫療機構至台設點，帶動相關事業良性競爭，創造更多醫療服務商品；在通訊服務方面，則可探以取消各項通訊法規的限制，同時鼓勵國外通訊業者來台設立研發中心，如此可有助台灣新型態通訊服務模式的發展，並且由政府提供產業發展服務出口之相關資訊與機會。另外，再以專業顧問服務業為例，可鎖定對準現階段新興市場急於建設國家或城市的趨勢，組成諮詢服務顧問團隊，至國外參與建設。

(四)引進並培植優秀的服務業營運國際人才

服務業營運環境方面，依照未來需求，引進並培植優秀的國際化人才。例如運動休閒、醫療、規劃專業顧問以及創意、行銷人才，增進台灣服務業能量。

三、知識資本是服務業獲利核心

無論哪一種形態的服務業，其基本核心就是在於知識、品牌及整個運作的知識資本。換句話說，服務業所賺的是知識財。不過，知識財乃是無形的，既看不到也摸不著，如果想要讓知識財變得具體有形，甚至能夠輸出，運用科技化乃是其中一種方式，將整個服務過程細節、原理、方法寫下來，就算是外行人也可以執行，並且可累積，也屬於知識化的一種方式，亦即知識是可以複製的。在前面所提到讓台灣經濟走向現代化的指標之一，同時也為無數服務業者在服務管理上帶來極大的震撼及啟發的麥當勞，就是典型的例子。麥當勞招募員工從不請廚師，大都以工讀生為對象，不論是準備食物、薯條要炸幾秒起鍋，連廁所如何打掃、地板如何清潔、客人如何招呼都有標準作業流程，規定得一清二楚，麥當勞靠的就是一本員工手冊。

國內著名的五星級君悅大飯店，由國際HYATT飯店管理集團負責

經營管理，HYATT集團也是靠著制定標準作業流程的作業管理程序與工作規範，同時以開店成功的知識支援部隊，派遣至新飯店複製經驗協助展店，並且全球同步做管理教育訓練，將知識資本給予培訓員，再傳達給各部門員工。因此，HYATT集團總部不需僱用一批經營高手等待新個案，就能夠在全球得到飯店業主的青睞，代理經營管理數百家飯店。台灣過去以中小企業為主，創造台灣經濟奇蹟，創業能力相當強，創業家多得是。但台灣市場太小，所以一開始創業即缺少以獨特觀的格局作為出發點，實際上，國內服務業者應善用知名成功的品牌經驗，將產品或創意概念授權給這些付了權利金、也會玩品牌、玩服務市場的專業公司複製知識財，加上以獨特性的元素創新作為格局。

　　台灣服務業應該花心思想一想，本身服務特色的競爭優勢在哪裡，一般製造業習慣低成本，高科技業追求的是世界第一，但服務業可不需低成本，也不一定要世界最棒，重要是跟人家不一樣的特色，走出差異化服務，同樣可以成為優勢。由於知識經濟具多元化特質，使服務業具有不成比例的特色，讓企業能以小搏大，取得快速劃地為王的發展機會，這也是服務業有別於製造業之處，適合台灣企業發展。

四、人性精緻化服務業最高境界

　　要做到國際化，只要懂得差異化，甚至精緻化，一樣可以如願。台灣服務業要做到國際的不只是標準作業流程（SOP）規範的製作，還有積極的企業文化。有積極的企業文化的公司，要帶出一群信仰企業文化的人比較容易。人性精緻化的服務提升，比起複製知識，更是服務業的最高境界。獨到的技術、知識累積及企業規模，是服務業的國際競爭力來源，比較高所得的國家通常能累積較多的技術、知識，同時產生較大的企業規模，進而大量出口。而小國家在國際市場上靠著精緻與特色服務，也一樣能勝出。

　　觀光休閒產業不管國家國民所得高低如何都能發展，不只是靠國內需求發展，同時還可以吸引外國人來消費，在國際市場上一樣能具有競爭力。例如西方人帶進峇里島過去沒有的按摩業、旅館業、SPA美容產業，印尼峇里島的觀光休閒產業不但加以運用發揚，還把東方人的禪學融入其中，提高附加價值，進而推廣香精產品販售。台灣人舉一反三的能力很強，但創意包裝行銷上不足，只知道台灣阿里山茶葉是很好的產品，光賣茶葉卻不懂得以軟的服務做出市場區隔，提升價值；沒有想到茶也可以跟文化、書法、美食、環境整個結合在一起。服務業不懂得行銷包裝，永遠無法成為長壽的產業。

　　新加坡政府每兩年舉辦一次世界美食高峰會，會中邀請十位世界名廚，並請十家飯店認養這十位廚師，推出美食月觀光活動，吸引大量觀光客湧入新加坡。以新加坡而言，實際上並沒有自己的美食，但是卻懂得利用新加坡多元種族社會帶來的台灣菜、泰國菜、馬來菜、印度菜等等，自創名為新亞洲料理，這就是懂得善用資源、包裝行銷、借力使力。台灣服務業，只要懂得運用差異化產品，學會累積知識、複製，再搭配上國際觀的格局與思維，就算是一個小島，也能從產品經濟，發展到服務經濟，最後踏向體驗經濟的發展。

　　國內服務業在過去的十年雖然成長快速，但與先進國家相較，在「品質」及「效率」方面的競爭能力仍有待加強。政府為因應加入世界貿易組織（World Trade Organization, WTO）的需要，已針對重要服務產業研擬具體的因應措施。2008年國發計畫中新興服務產業：(1)研發服務；(2)資訊應用服務業；(3)流通服務業；(4)照顧服務業；(5)其他具潛力的知識型服務業，例如綠色服務業、醫療服務業、觀光業、運動休閒業等，就是在積極發展高附加價值的知識型服務業。同時為掌握亞太地區經濟發展趨勢及發揮國內經濟優勢，並推動亞太營運中心計畫，如果此項工程浩大的計畫能順利推動，未來勢必可為我國服務業帶來新的契機，並提供服務業另一番氣象，乃為我國服務業的進一步發展。

專題分析　　塑造台灣成為世界級觀光大國

美麗新世界副總經理　周滿華　2009/4/20

　　自從去年底第二次「江陳會」達成兩岸海空運直航、週末包機、大陸居民來台旅遊、通郵及食品安全等六項協議後，兩岸關係邁入了一個新里程碑，其中影響台灣景氣最直接的項目，就是開放大陸觀光客來台。根據陸委會統計，到2009年4月為止已有約15萬名遊客來台，每人每天平均消費295美元，為台灣帶進超過3億美元（約合102億元新台幣）的可觀收入，直接受惠的飯店業者可以說熬出頭了，原本「門前冷落車馬稀」的景象，一下子轉變成車水馬龍，難怪「晶華」飯店的股價一飛沖天，這些都是觀光帶來的利益，也確實印證了一句話「推展觀光是帶動景氣最快的方法」。

　　開放措施實施初期，業界其實非常擔心旅客數字會出現膨風，因為明明每天僅有兩百多人來台，政府卻給大眾太高期望，好在政策效果逐漸顯現出來。農曆年時每天超過2,200人，尤其直銷團「安利」大批團員蜂擁而至，人數多加上花錢大手筆，包括餐飲、零售、精品店還有交通運輸業者，相關的產業都快樂地發了筆過年財。業界樂觀預估，2009年下半年應該可以至少達到每天3,000人水準，而且有極大機會能向上提升，行政院長劉兆玄還對媒體表示五月份可以每天衝上7,000人，如果真如其言，那真的是天大的好消息！

　　大陸觀光客來台大多喜歡一次看遍台灣，可能因為兩岸相隔太久，心中有著無可名狀的好奇和新鮮感，倘使有第二次機會，才會選擇較為細緻的深度之旅，基於這種需求，觀光局、台旅會決定和大陸海旅會共同開發適合的旅遊包裝系列產品，給觀

光客更多選擇標的，以不同的性質滿足不同興趣消費者的需求，把觀光市場做得更長、更大、更久。由於直接和大陸客接觸，筆者瞭解他們非常欣賞台灣的多元社會和開放程度，有禮貌的接待態度、熱情的款待，甚至於歧異性很高的文化，都讓他們感到特別地不同。很多人對國內「政論性談話節目」新奇，這是大陸絕不可能見得到的，如果他們晚間沒活動，會在飯店裡睜大眼看看名嘴怎麼批評時政，這對他們來說真的很新鮮，原來大聲罵某些人、直指其非，以及批評朝野可以這麼直接，一堆人環繞著話題紛紛說出自己知道的「內幕」，既精彩又刺激，罵得痛快、批得過癮。

絕大部分大陸客來台的目的是旅遊和shopping，因為文化相異，大聲嚷嚷的習性被某些人看在眼裡，會認為是一種「囂張」，我想這是誤解，如果經常前往大陸的人，應該能夠瞭解大陸民眾比較沒有台灣人的禮貌，接受別人提供的服務不會回應一句「謝謝」，有時嗓門特別大，猛一聽不明就裡還以為是在吵架！國人也不需太過在意，終究兩岸分隔超過一甲子，想達到完全相同的文化發展進程是不可能的，大陸近二十年才從改革開放中驚醒過來，經濟成長表現絕對是傲人的，硬體建設也讓人側目，只不過文化水準仍然需要提升，給他們一些時間就可以，其實，就台灣的發展歷程來看，不也是相同的嗎？整體來說，大陸旅客對來台旅遊的滿意度高達八成六，海旅會迄今沒有接到過投訴，沒有投訴當然不表示「零缺點」，我方業界也覺得仍有不少地方需要改進，簡單舉例，國內有水準的飯店、旅館數量不夠，為了消化大陸客人潮，旅行社有時硬將旅客往平價旅店塞，消費者花錢卻無法享受到較高品質的服務，其結果必然如同「飲鴆止渴」，這種心態好像只想賺一次錢而已，更糟的是打壞了台灣旅遊界的名聲，口耳相傳會讓人誤解為「台灣不過爾爾而已」，業

界其實最怕就是殺價競爭情形，以及把遊客當冤大頭看待，消費者可是聰明得很，縱然嘴裡不說，心裡豈有不清楚的道理？呆子才會讓人家騙第二次。

話說回來，日月潭、阿里山等旅遊勝地雖然美麗迷人，但是真正令大陸觀光客最欣賞的反而是文化特質：馬路上行人等待綠燈亮起才緩步過街、車輛行經斑馬線會等待行人通過後再行、等公車會依序排隊、搭電扶梯會留出左側空間給人通過、經常向服務人員說謝謝、不小心碰撞到人會立即說對不起……，這些都讓他們印象深刻。和筆者相熟的北京幾位經常往來兩岸的記者，聊起被派赴台灣觀察大選選情時，隨著各家電視台「選情之夜」跑馬燈得票數逐漸增加，人民關切得幾乎沸騰，這些來自北京的記者同樣感受到「民主」力量的偉大，潛移默化當中，必定會在他們的腦海中造成相當程度的影響，台灣民主的擴散，對中國大陸未嘗不是好事一樁。

四月初，大陸海旅會率領第二梯次踩線團來台時，團員反映直航機位不足，三、四星級飯店房間不夠，都讓他們覺得有很大改進空間。一些年事較高的團體，來台想圓夢，圓個相隔六十年後的夢，想做個深度之旅，把台灣看個清楚和透澈，但是參觀台北故宮和101大樓，幾乎都是趕鴨子上架，匆匆來匆匆去，還沒看到幾眼就被趕上車急赴下個行程，非常不過癮還難免帶了些失望。另外，交通時間的耗費，亦耽擱了不少遊覽時間，雖然街頭景象也算得上是觀光，但是老坐在車上吹著不是很舒服的冷氣，不能腳踏實地的近距離細細品味景點，總是會讓人覺得遺憾。

有旅遊團反映長天數行程太累，而且加上住宿、餐飲等費用偏高，總數八、九千元人民幣並非很理想的價位，有鑑於此，交通部觀光局決定推出「短天數、精緻遊」的「區域創新之

旅」，五天四夜行程分別前往台灣的東線（台灣東部＋南部）或西線（台灣北部＋中部），依照個別興趣選擇，可以深入台灣各角落，既分散了車流和人潮，飯店的房間也能獲得平均使用。觀光局還希望為台灣開拓更多的觀光醫療客源，特地安排參訪慈濟醫院、童綜合醫院和秀傳等醫療院所，讓這些擁有新穎、先進設備的醫院，使大陸客從感受中自己或親屬有機會加以運用，台灣未來醫療觀光的商機可以更加擴大。

　　日月潭是大陸觀光客必到的景點之一，三月份便有超過3萬人到訪，住宿、餐飲、遊湖和購買紀念品，至少為商家賺進9,000萬元，預期五一勞動節假期將會有更多大陸客湧入，屆時相關的收益將更可觀。目前大陸老年協會正積極籌組多達2萬人的旅遊團，預計於五月份分批來台，旅行公會已經和該協會接頭籌備接待事宜，要讓他們來得開心、去得盡興。由於申請來台的件數呈現爆滿現象，很多業者以往是感嘆接不到大陸團，如今卻是深受搶不到配額，及訂不到飯店和遊覽車而飽受困擾，觀光局已經首度啟動「增額機制」，希望觀光財源看得到也能吃得到。

　　行政院4月9日公布「觀光拔尖領航計畫」，預計於民國98至101年的四年間投入300億元觀光發展基金，目標創造5,500億元商機、吸引民間投資2,000億元，以及創造40萬人次就業機會。「觀光拔尖領航計畫」內容包括拔尖行動方案、築底行動方案和提升行動方案等三大項，重點在於提升國內旅遊品質、發展國際觀光和增加外匯收入。建國100年是大事，觀光局希望今年來台旅遊人數能達到410萬人次，民國100年能衝破500萬人次整數大關。國內重量級觀光飯店對計畫的未來都深表肯定，認為政府這套計畫是長期利多，對整體產業界有極大助益，其中打算在四年內吸引10家國際知名連鎖飯店進駐，並推動星級旅館評鑑，對台灣增強服務實力方面有正面幫助。不過也有業者指出300億

元、四年金額太少且時間拉得太長，現在這個時間點加大幅度推動觀光是正確的，如果增加投注經費而且加快速度，馬上能收到立竿見影之效，同時台灣的觀光客源不能僅放在大陸客身上，將其視為短期內的重點是可行的，但切不可忽略還有日本、歐美等國客源，唯有當台灣吸引來自世界各國的觀光客前來，台灣的觀光才算打響了知名度。

業界還建議政府推出獎勵措施，鼓勵業界加速興建觀光飯店，還有二、三星級旅館亦要擴增，鼓勵縣市地方政府籌建更多有賣點的景點或遊樂區，將台灣觀光大餅做大，同時提升觀光軟實力，那麼台灣成為世界觀光大國的心願就能達成。前面有提及二、三星級旅館的重要性，因為客層分布目前是以中等價位居大宗，大陸客最喜歡住三星旅館，例如台北市三德、通豪飯店每天都有大批陸客入住，大家的心態都差不多，反正睡一晚只要不是太差就可以，不需要花大錢住五星級飯店，享受飯店設施的時間有限，寧願把錢省下來花在別的shopping或購買紀念品方面，住個三星旅館設備也還不錯，該有的絲毫不缺。

96年台灣觀光外匯收入為51億美元，占GDP比重為1.34%，比美、加、德、日、韓、大陸還要高。拔尖領航計畫要於101年創匯90億元，占GDP比重達到2%，屆時台灣將可望列入世界級大國之林。從「安利」直銷團開始，來台大陸旅客人數呈現跳躍式增加，幾個月前業界還在擔心「雷聲大雨點小」，遊客數不見得會如政府所描繪的那麼美好，好加在，目前看起來好像只有更好而不會變差，和其他深受大環境不景氣影響的行業相比，真是好得太多了，業界感恩也要惜福，大家一起來把台灣的美好向國外輸出，同時帶進更多觀光客源，努力將台灣塑造成為世界級觀光大國。

資料來源：台灣服務業聯網（http://www.twcsi.org.tw）。

第二節　服務業的重要性

　　台灣過去賴以成長的經濟動能——製造業，在不敵對岸廉價生產要素以及廣大市場的競爭壓力下，似乎陸續放棄出走至對岸，服務業已成為台灣最主要創造價值和就業機會提供的產業，超越了農業及製造業，不過服務市場也就相形面臨更大的競爭壓力，如海外大型連鎖服務業的進入、進入障礙低、難以衡量服務品質以及服務人員的專業管理問題等。因此，愈來愈重視如何成為稱職的服務業專業經理人。

　　由於服務業能創造可觀的就業機會，大多數經濟成熟的先進國家，服務業產值占GDP比重達80%，台灣2007年僅73%，有大幅提升的空間。依行政院主計處統計，十年前服務業產值占GDP僅65.7%，2008年達到73.3%，這個比率實際上已高於韓國的64.3%、德國72.2%、日本69.4%，僅比美國78.9%低。

　　最近幾年，服務業發展的趨勢已經十分明確，朝著自由化、國際化、優質化、科技化方向，因此一個國家服務業是否發達，已成為國家是否先進的一項參考指標。服務業在經濟活動過程中扮演的角色，亦隨著經濟的成長、國民所得提高、人民對生活素質的要求提升而愈來愈重要。

一、服務業主導經濟發展

　　由一個國家的經濟發展階段來看，產業結構的調整通常都先由一級產業（農林漁牧業）經濟為主的發展階段，逐漸轉變為以二級產業（製造與建設工業）發展為主的經濟，再流向到以三級產業（服務業）為主體的經濟社會，這種現象也是大家都熟悉的貝第定律（Petty's Law）。由過去世界服務業的發展及貢獻觀察，服務業在工

業化過程中吸收工業產業釋放出來的勞力，對於創造就業機會、緩和失業問題等均有相當大的助益。而且在工業產業歷經兩次石油危機的期間，大多數的工業化國家製造業呈現大幅衰退，唯獨服務業仍然持續成長。由此可見，服務業對於穩定經濟景氣波動，具有相當的貢獻。

先進工業國經濟發展重心已轉向服務業的今日，全球已有許多國家之服務業產值占GDP比重多已超過70%，其中，美國在2006年時更接近80%，歐盟國家以盧森堡為首約84%，英國、法國、日本、荷蘭則超過74%，新加坡在1995年時服務業產值占GDP比重則已高達63%，香港在1994年更是達83%。此外，隨著服務業的快速發展，服務業（勞務）貿易亦呈急速成長的趨勢，而且成長的速度比製造業為快，目前服務業（勞務）貿易大約占世界總貿易額的23%。而由於先進國家之服務業較具競爭優勢，因此服務業貿易大致集中在先進國家。

根據WTO統計，1995年全球服務業貿易總值達2兆3,900億美元，比1994年時增加14%，其中60%的服務業貿易量，集中在前十名的國家，而且這些服務業貿易比較發達的國家，絕大部分都是世界經濟發展中的先進國家。明顯地可看出服務業是否發達，就成為國家經濟發展程度的一項指標，也就是說經濟發展愈趨成熟，服務業占經濟體系中的重要性與影響力就愈為重要。尤其是已開發之國家，生產性、分配性及高科技服務業占服務業之結構常有舉足之影響力，故服務業已成為主導各國經濟發展的重要產業。

二、服務業的本質及內涵與社會的變遷

隨著經濟結構的升級以及社會型態的變遷，服務業的本質及內涵產生相當重要的改變。因為經濟的持續成長，工業化、都市化及財富累積的結果，大大提升人民及企業對於勞務相關服務的需求。例如：對於運輸通勤、休閒旅遊、洗衣、美容、美髮等消費性服務之需求相

對增加，再加上人口高齡化、教育水準提升、女性投入勞動市場，整體社會對於醫療照護、運動保健、公共服務、社會福利、教育訓練等社會性服務之需求也大為提高。另外，企業基於經濟規模及產業分工的原則，對過去內含在有形財貨生產過程中的服務，逐漸也轉由第三者提供，例如企業內部資金管理、租賃、保險、財務管理等業務，如此進行外部化的結果，更是誘發出服務業可發展的空間。

科技的進步使得全球通信及資訊重大突破創新，個人電腦網路的應用範圍愈來愈廣泛，使用對象也日益普遍，更是直接、間接的帶動相關產業蓬勃發展。在如此的趨勢之下，企業為改變產業區位劣勢及強化資訊取得的競爭優勢，對於資料處理及網路加價等方面也就更有強烈需求，也就帶動了相關新興服務業的快速發展；此外，新的通信科技提升了跨國企業多部門間資料傳遞之效率，也使得服務業的生產與行銷更加多元化與專業化。企業界可透過全球資訊網際網路，有效掌握資訊便於企業內部間的控制，結果助長了跨國跨業間貿易及投資行為，當然更有利於生產性、分配性服務業及勞務貿易的快速發展。這些趨勢，都是有助長製造業資源流向服務業發展，也使得產業間的界限及分野趨向於模糊。以上各種服務業快速密集發展所匯集的動能，當今世界經濟結構轉變可視為主要因素。可見服務業的發展，隨著經濟的趨於成熟更突顯其重要性。

三、服務業擴張對就業人口增加有相當大助益

就前面所言，一個國家服務業是否發達，既然成為國家先進的參考指標，而大多數經濟成熟的先進國家，服務業產值占GDP比重達80%的同時，服務業已成為主導各國經濟發展的重要產業。尤其在2008年華爾街金融風暴，造成全球各行各業的大地震，當年中國GDP成長降到10%以下，美國也下跌20%，連最幸福的國家冰島更是瀕臨破產。全球經歷如此的震撼，各國政府為了振興經濟，服務業的發展

便成為最佳選擇，紛紛投入資源給予支持。如觀光旅遊服務業，從業人口全球超過2億，產值占全球10%。但是在台灣只占台灣生產毛額的1%，以2007年而言，前往新加坡遊客大約一千零三十萬人次，至泰國的遊客約一千五百萬人次，到香港的遊客更達二千八百萬人次，然而來台遊客大約只有三百七十萬人次，比較之下可看出，台灣在觀光旅遊業的發展空間仍有相當的潛力。因此，台灣觀光局便大手筆地行銷台灣，不僅對日、韓、東南亞等國進行積極遊說、促銷，政府更是配合政策對中國大陸客開放來台措施，如此不但希望提升產業經濟，同時也能創造可觀的就業機會。

台灣服務業就業人口在2001-2007年間約有56%-59%，2007年57.9%的服務業人口中以批發業及零售業為最大規模。加上政府以服務業發展再創台灣經濟奇蹟為願景，並以提高附加價值，創造就業機會作為二大主軸，選定十二項重點服務業，個別設立發展願景、目標及策略來看，服務業擴張對就業人口增加有相當大助益。

四、服務是企業競爭優勢

服務業乃是察言觀色的行業，服務可幫客人節省時間，以服務在企業所扮演角色而言，製造業以隱藏式服務，作為發展競爭優勢之潛力；服務業則以服務功能為公司核心領域。都是以服務創造競爭的優勢，然而服務精神高不高，服務技巧精不精，關鍵就在於是否有盡心細膩地體會、瞭解客人的感覺與需要。我們將在後面章節「服務的特性」中加以介紹。

第三節　影響服務業發展的環境變數

　　服務業既然是主導經濟發展、服務業擴張對就業人口增加又能有相當大助益，在此我們要探討究竟有哪些環境變數會促成服務業的社會發展。基本上影響服務業發展的環境變數最主要是政府的政策法令、產業的發展趨勢、服務化社會的形成、整體經濟概況及科技與資訊的進步（如**圖1-1**）。

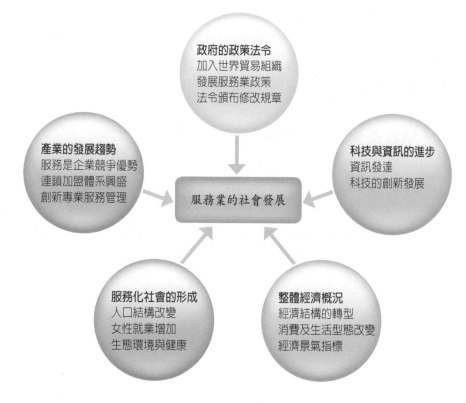

圖1-1　影響服務業發展的環境變數

一、政府的政策法令

(一)加入世界貿易組織

　　台灣於2002年元旦正式成爲世界貿易組織（WTO）的第一百四十四個會員。會員須遵守全球貿易自由化，因此制定貨物多邊貿易協定、智慧財產權協定、服務業貿易協定、貿易政策檢討、紛爭解決規範等，均具有國際法的約束力。根據世界貿易組織在服務業貿易協定方面，國際服務的四種提供方式如下：

1. 跨境供給（cross-border supply）：消費者與業者不須涉及移動就能提供業務，乃是以遠距的方式進行業務往來，例如遠距教學、網路銀行、電子商務、顧問理財諮詢服務等。
2. 國外消費（consumption abroad）：乃是消費者到國外實地接受服務，例如觀光旅遊、國外留學等。
3. 設立商業據點（commercial presence）：即爲經營者到外國去設立分公司或據點，例如銀行到海外設立分行、連鎖速食店到國外設立營運店、學校到國外設分校等。
4. 自然人身分呈現（presence of natural persons）：以個人的特殊職業身分到國外提供服務，例如專業教練受聘到國外指導選手、演藝人員到國外表演、醫師到國外提供服務等。

　　台灣正式加入世界貿易組織（WTO），是政府歷經十年的努力，一方面，在經貿體制推動自由化、國際化，獲得到國際的認同；另一方面，台灣經濟與國際經貿社會完全接軌，需要開放市場，面對國際的競爭。加入這個協定也就必須在針對這些服務提供的方式不可設立阻礙措施，例如不可訂立限制外國人投資或有關對造成競爭要素的限

制方式等，因此當這些限制無法制定時，整個國際的貿易就會大大提升，也將形成業界的激烈競爭。然而因WTO的經貿自由化的觀念帶入，也讓許多國家的服務產業狀態呈現改變，我國也同樣將面臨許多商品多元化、規模更龐大的集團進入服務的產業競爭，而同樣我國的業者如金融業也展開到外國設立據點，以提升創造海外營收。未來台灣在服務業方面將會有很大的商機。

(二)發展服務業政策

目前全球大多數已開發國家已成為服務經濟體，即使在開發中國家，亦對服務業多所重視，就世界趨勢觀察，各國開始重視、思考如何發展服務業，服務業亦已超脫國境內活動，大舉進軍國際。如同本章第一節所提到的，我國政府在因應服務業發展方面，2004年行政院經濟建設委員會針對整體服務業有八大發展策略，包括人才培訓、法規鬆綁、樹立有利服務業發展的機制、統合相關部會功能、投資獎勵、國際化、擬訂旗艦計畫，以及發展具有地方特色的服務業等。在十二項服務業方面，依其產業性質與特色共訂定十三項旗艦計畫及十一項主軸措施。這些旗艦計畫或主軸措施的推動，將有助發揮帶動整體產業發展的效果，並可進而提高附加價值及創造就業機會。並對選定的十二項重點服務業，個別設立發展願景、目標及策略，目的就是透過法令機制、培育人才、租稅獎勵等方式協助這些特定的服務業發展。政府將資源投入這些服務產業，將會輔助這些服務業快速發展，同時也能為這些產業帶來更多的相關效益。

其實不只是我國，就全球而言，往往就是以政府資源的投入發展造就產業的成功。例如香港觀光旅遊業、英國的教育業、美國娛樂業都有政府的相關政策輔助支持與措施配套執行，才能讓這些國家在這些特定的服務業占有舉足輕重的地位。又如我國政府近來也為了提升大陸遊客到台灣觀光，以促進旅遊業的發展，因此不斷的制定配套措施及政策，希望能協助觀光服務業的發展。

(三)法令頒布修改規章

　　行政院經濟建設委員會在2004年舉行的全國服務業大會，當時就被視為是經濟發展與就業機會增加的關鍵會議，前行政院副院長、現任國策顧問林信義認為服務業推動關鍵在於法令鬆綁，有關產業轉型、升級太慢的障礙應是克服重點。由此可知，法令規章對服務業的影響非常大。過去，電信、保險、銀行、航空等多數服務業都是屬政府管制之行業，無論商品的提供內容、價格、規模等都受法令政策的管制，後來管制放寬，各企業就會推出更多元服務或產品，同時價格設定也變靈活，也吸引更多的企業投入戰場，以服務品質提升其市場競爭力。例如，過去尚未有關休閒運動場館業的法令規章時，運動休閒俱樂部常被歸類到娛樂八大行業，當時對娛樂八大行業規章法條非常嚴謹，並且對運動休閒俱樂部業者而言，不但不合邏輯且造成非常大的困擾，也影響該產業的發展。加上過去法令針對申請建立游泳池的法規，制定嚴厲申請條件，形成業者無法合法設立，紛紛採用蓄水池名義申請建物。如此的政策不但造成國人游泳的技能發展受限，同時也阻礙游游池經營者的不便，直到法令規章修改有了休閒運動場館業，業者才能名正言順的脫離八大行業的惡夢。

　　又如觀光已成為全球最重要的服務業之一，台灣雖積極推動觀光事業，仍亟須提升競爭力，才能與國際水準並駕齊驅。台灣的醫療健檢水準非常先進，價格又比其他國家合理，如果在推動台灣觀光產業之際能夠將醫療保健產業連結，鎖定海外華人為目標將是一大商機。但是每一行業均有相關法令規章，根據醫事法規，醫療業不能夠做招攬廣告，因此無法傳達宣揚醫療技術或其他保健效益，而這就需要法令的鬆綁才能促使醫療旅遊為觀光服務業帶來成長。

　　因為法令規章對服務業發展影響甚大，因此在2004年全國服務業發展會議上，結論之一即為修改法令規章以利服務業的發展，也因而將許多服務業過去容易造成效率不彰、延誤商機的正面表列方式的相

關法令，修改為負面表列，以利於創新發展。正面表列乃是指法律上認為可行的事情，還必須經過政府核准後才可以做，而負面表列則是法律只交代不可以做的事，其他事情都可以做。

二、產業的發展趨勢

(一)服務是企業競爭優勢

　　服務本質是由一系列無形活動所組成之流程，此活動通常——但未必——發生在顧客與提供服務之員工，或實體資源，或提供服務廠商之系統間的互動，此類活動的提供是作為顧客問題之解決方案。因此，當服務競爭是成功之關鍵，而產品被界定為服務時，其企業為服務企業，所以在現代的產業不只是服務業甚至製造業均為服務企業。

　　服務企業之服務觀念是適用於任何想採取關係行銷策略之公司，界定企業為服務企業，服務競爭即為競爭要素。就顧客觀點而言，需求是產品與服務所提供的利益，同時也是為了尋求可用的並且能夠為其創造價值的解決方案或組合。服務在製造業中扮演角色乃是以隱藏式服務，作為發展競爭優勢之潛力；服務業則是以服務功能為公司核心領域。因此，一些知名的製造商如台積電、統一企業、**IBM**等高級主管也都說自己不是製造商，而是服務業，因為他們都是以服務創造競爭優勢。

(二)連鎖加盟體系興盛

　　東方傳統社會觀念主張「寧為雞首勿為牛後」，認為當個小老闆總比大公司的小職員要來得風光。通常只要願意胼手胝足苦幹實幹，創業成功的機會都很高。所以中小企業創業在中國人的經濟社會相當的普遍。不過當今的創業環境已經不比從前，早期在台灣只要有

少許資本，隨便開個店面或是加工廠，財源便滾滾而來。在今天知識專業掛帥的環境下進行創業，情況已經完全不同於以往。創業者多半都是學有所成的專業人士，他們追求的事業目標遠高過於只是當個小老闆。現代創業還需要集結大量資金與優秀人才，除了付出不低的機會成本，而且失敗的風險也比以往大為增高。因此，加盟連鎖便成為普遍的經營型態，不只是在國內盛行，國際性的加盟連鎖正快速地擴展。

　　加盟連鎖是國際化、全球性的生意制度，提供目前及未來加盟連鎖成長的無限商機。美國身為此制度的先鋒者，美國的加盟總部朝著國外市場而拓展。根據「國際加盟連鎖協會」（International Franchise Associations, IFA）所透露，僅1988年，美國以外的地區就有374間商業模式型態的總部在經營。全部有35,046 家美國加盟店向海外區域發展。例如美國國內餐飲市場愈競爭，美國的加盟總部繼續地領導餐館業加盟連鎖，國際經營的加盟連鎖餐館更持續發展疆域，加上WTO的協定貿易自由化更加速國際化的加盟連鎖企業形成。

　　加盟連鎖制度強調標準化經營，並複製經營管理經驗迅速展店擴展，服務業一方面透過規模經濟降低營運成本，一方面控制服務品質提升經營效率。對總部而言可獲得大筆資本，減少公司營業成本及實踐協助加盟者投入經營的承諾；對加盟者而言則能掌控自己的事業而實現工作目標及理想；對消費者而言也能取得最重視的良好產品品質、清潔環境、友善服務、產品一致性、便利性及物超所值感。

　　受到次級房貸影響，美國經濟成長趨緩，加上大部分企業資源有限，基於聯合坐大整合相關資源，在經營上將更節省成本，同時快速壯大聲勢提升競爭力，創造雙贏局面。因而在互信、互補、互惠基礎上，兩家或數家企業彼此分享資源，強化競爭力促進多元的服務，讓消費者有更多的選擇，這種策略聯盟廣受企業的青睞。例如台北市北投溫泉區業者在2009年溫泉季，以中國大陸與國人為目標，結合醫療保健業、運動休閒產業及溫泉業者，規劃共推健康溫泉休閒旅遊。

又如電信業者與手機業者以門號綁約送低價或免費手機的異業策略聯盟；悠遊卡結合台鐵、計程車、公車、停車等加入使用，都是策略聯盟為產業帶來更大發展空間。

(三)創新專業服務管理

服務環境正在改變，顧客的期望也比以往更高，當顧客期望提高後，提供服務的業者，其服務品質也應與成長速度一樣需要提升。因此，如何在原有的產品或服務上有所突破，「創新」就成為現代各行各業都列在產業發展上不可或缺的武器。例如7-11便利商店為了創造更多的便利性，陸續增加提款機、代收費用、購票、取貨、宅配等服務，都是在傳統營運方式下創新的思維。在此創新思維的潮流之下，服務業經營企劃人員更須極力推出打破傳統、跳脫窠臼的營運模式，不斷推出創新的服務，勇敢接受市場的挑戰就成為現代服務業重要的課題。

三、服務化社會的形成

經建會統計，2006年台灣地區老年人口占總人口數的9.94%，推估台灣65歲以上人口比率至2016年與2026年將分別增為13%及20%。隨著國人平均壽命延長、社會結構變遷、少子化趨勢以及人口外移情況，台灣產業經濟的發展朝向技術與服務之結合規劃，以建立符合未來生活型態服務化社會之產業體系。

(一)人口結構改變

根據行政院經建會2008年所做的人口結構改變評估報告，國內65歲以上人口的比例，在2008年為10.4%，2018年將逐漸上升到14.7%，2056年則將增至37.5%。人口結構改變是一場寧靜革命，無聲無息的

改變社會基本結構。台灣社會人口結構的改變，主要表現在少子化、高齡化。高齡化方面，由於老人人口急遽增加，人口老化指數快速成長，目前台灣已成為全球老化速度最快的國家。為因應人口結構變化與社會變遷，未來醫療照護服務將在地區性、人口特性之前提下，以預防、預期與個人化科技，照護與強健國人健康，主要包含個人化醫療服務與抗老再生醫療服務等。

◆少子化

就台灣地區人口的發展而言，在1985年出生率降至2%以下，其後逐年緩慢下降，目前台灣地區嬰兒的出生率已降至1.18%，成為已開發中國家中最低者之一。這種人口低出生率的現象，迅速引發了台灣地區近年來「少子化」問題的產生，且愈來愈趨嚴重。台灣地區近年來少子化的現象已逐一浮現，並影響社會消費行為及行業的改變、房地產的調整、家庭結構的窄化及學齡人口的減少，進而影響整體教育體制的變革。但相對少子化家長對兒童的投資將更是呈金字塔走向，在金字塔頂端的族群將不吝嗇對子女投資，讓子女不要輸在起跑點。因

少子化的社會衝擊，教育服務業也紛紛轉型發展特色以增加自我競爭力

此，針對提供兒童的頂尖食、衣、住、行、育、樂的需求，將會有一片前景與市場。

◆高齡化

少子化現象，會造成人口結構的老化，產生老年照護與產業的改變，甚至影響社會與經濟的層面。正規教育將因少子化的現象，而產生沒落，相對的是成人及高齡教育發展的契機，他們需要進修或增加生活及工作有關的知能，才能適應當前社會的需要。學習可以增進他們的生活滿意度、充實感及體驗人生的意義。因此，高齡人口的增加，無疑的，將帶來他們對學習的強烈需求，這是高齡化社會中的重要現象。另外，高齡者最在意的就是健康問題，如相關的醫療、保健、運動、休閒、娛樂甚至老年安養居住等問題，都是針對銀髮族要規劃的服務內容，因而帶動相關服務產業的版圖。

(二)女性就業增加

過去「男主外，女主內」的觀念隨著女性教育水準的提高、子女減少、結婚年齡提高、女性對社會角色認知改變，以及社會型態改變須以雙薪才足以支付家用等眾多因素，使得女性投入社會，因此台灣女性就業也就逐年增加。隨著女性就業人口增加，女性因就業工作進而可支配所得也隨著提高，對整個社會的消費型態也有重大改變。舉例而言，百貨公司一舉行週年慶就會看到無以計數的女性湧入搶購化妝保養品，這也與女性因就業進入社會後，更加重視在社交場合及工作場合自我的形象要求，也就使得相關的美容、美髮、塑身、運動等服務業的需求增加。除此，女性的經濟主導權地位也相對提高，在旅遊、保險、房地產、汽車、投資理財等過去大都由男性主導購買的消費行為，現代女性參與的機會已不落男性之後，因而出現以規劃出更多女性為訴求的相關服務業的企業發展。

(三)生態環境與健康

隨著社會的進步、經濟的發展、科技技術的研發突破、資訊科技的進步、物資富裕的生活，人們開始注重健康的觀念，也使消費者對食品、生理、環境及身體健康追求也愈來愈熱絡。例如，攝取對身體有益的健康有機食品，造就物資配送服務；為了鍛鍊身體參加健康俱樂部或體能活動訓練班，希望得到放鬆參與SPA、瑜伽冥想打坐課程等，因此，針對消費者的需求，這些服務業也就發展出來。另外，在精神上，心靈的滿足也是追求健康的另一層面，隱約可感受到社會愈來愈有文藝氣息的內涵，故也相對促進相關生產服務業創新服務之呈現。例如，提供居家用品的設計，講究人體工學設計服務、環境的空間以人性化規劃為主的服務等。科技研發進步，在醫學、生物化學、電器、電子科技等產業發達，增進企業的管理行銷效率，但也漸漸對環境生態產生變數，如全球暖化現象、海洋生態破壞、垃圾資源等問題產生。因此，相對的關懷環境與健康的生活服務業也應運而生，如資源回收服務業、環境清潔服務業等。

四、整體經濟概況

(一)經濟結構的轉型

台灣是一個缺乏天然資源的地方，但五十多年來，在政府與人民共同努力下，創造了舉世稱羨的「經濟奇蹟」。過去將近五十年的發展過程中，台灣經濟結構漸漸發生變化，而帶動這種變化的，主要來自國際競爭與各產業生產力的消長。1950年到1980年，台灣經濟的主要生產活動由農業轉向工業。其中1960到1970年代，紡織和成衣等勞力密集業是台灣的龍頭產業。1970年代以後，資本密集業，如重工業

和化學工業開始快速發展。1971年起,台灣開始出現貿易順差,並累積大量外匯存底。從1980年代中期開始,台灣的經濟結構出現極大的轉變,製造業不斷萎縮,服務業快速擴張。自1980年代開始,台灣經濟漸由管制與保護轉變為開放與自由化。產業結構也由勞力密集轉為技術密集及資本密集。

　　2002年1月1日,台灣正式加入世界貿易組織(WTO),台灣經濟與國際經貿社會完全接軌,面對國際的競爭,台灣的經濟也面臨嶄新的局面。根據第25屆世界華商經貿會議中提出在「開創產業發展新局」方面著重於在新興產業中,如無線寬頻及相關服務產業、數位生活、健康照護、綠色產業等領域。並且規劃推動「新農業運動」,使台灣農業更有活力與競爭力;製造業方面,將由專注降低成本轉而強調價值鏈之提升、由代工邁向高價品供應與生產材料整合服務、從材料供應邁向新興產業整合創新加值,並由供應導向服務轉為使用者導向之整合服務;服務業將發揮提高附加價值及創造就業之效果,促使服務業成為經濟成長動能,並善用全球人才,從事全球服務與創新,進而全面提升服務品質,積極發展電信、資訊服務、數位內容、醫療、研發、設計及流行文化等重點服務業,並打造台灣成為亞洲主要旅遊目的地。

(二)消費及生活型態改變

　　自2001年至2006年間,台灣消費實質成長平均2.24%,比同期間經濟成長率3.48%低;同時2006年經濟成長率與消費成長率之差距擴大至3.22個百分點,連續五年的消費成長率低於經濟成長率,突顯消費之成長動能似已逐漸蕭落(彭素玲、郭迺鋒、周濟、方文秀,2009)。產業結構方面隨著工業、知識型服務業與非知識型服務業就業人數比重愈高,對消費支出及消費結構的確有和緩但卻是明確之變遷。例如飲食類支出,包括食品、飲料、菸絲及捲菸等比重持續下降,至於衣著鞋襪及服飾、燃料與燈光,以及其他類支出等,較無太大變化,但

在家庭器具與設備、醫療與保健，以及娛樂、消遣與教育等支出仍有穩定成長。此一變化趨勢，大致符合經濟學原理中之恩格爾法則，也與世界各國之變化趨勢相仿。

除了產業結構影響消費型態之外，消費者生活型態講究時間性、便利性、個性化，因此使滿足消費者生活型態的服務業應運而生。例如，講究時間性的快遞服務業、送貨到家的服務；在便利性上發展出二十四小時的服務便利商店，提供各項生活服務；個性化的需求也造就像郵票個人化設計服務、客製化的課程或商品設計等。

(三)經濟景氣指標

所謂經濟景氣的指標，在經建會所編製的台灣景氣指標中，主要包含三類，分別是景氣動向指標、景氣對策信號及產業景氣調查。景氣循環（business cycle）指經濟活動發生繁榮、衰退、蕭條、復甦等現象，目前最常用的景氣衡量指標是行政院經建會每月所編之「景氣對策信號」。此信號是綜合一些國內經濟指標來判斷，當景氣對策信號產生變化時，代表不同的景氣表現，同時也表示政府是否可能採取行動。分成五種燈號：

1.紅燈：表示目前經濟景氣過熱。
2.黃紅燈：顯示目前尚穩，但有過熱或趨穩的可能。
3.綠燈：表示目前經濟景氣十分穩定。
4.黃藍燈：顯示目前尚穩，但有衰退或趨穩的可能。
5.藍燈：表示目前經濟景氣已衰退。

經濟景氣的階段與消費意願及能力有很密切的關係，當景氣處於復甦與繁榮階段時，銀行信用擴張，消費、投資及工作機會增加，失業率下降。進入繁榮期，利率及薪資因需求增加而上升，雖然原物料價格上漲會導致廠商獲利轉壞，經濟成長速度變慢，但這階段消費者

收入較高，消費能力也就較強，同時對景氣有樂觀的看好，因此更會追求高品質的服務。但若處於衰退、蕭條期，廠商可能開始裁員，投資意願降低，消費及投資減少，物價因需求減少而漲勢減緩，銀行持續對放款採取嚴格標準。因此消費的意願也就趨於保守，對於高檔物價或服務消費的需求就降低，通常選擇低價平實的服務或商品。例如2008年景氣受到金融風暴也呈現低迷，百元理髮店就呈現大量需求的成長，取代過去剪髮一次動輒四、五百元以上的美容院，吸引了無數的消費者，也就促成平價服務業的誕生。

五、科技與資訊的進步

(一)資訊發達

二十一世紀，是一個嶄新的年代，也是一個資訊發達的時代，走在街上，到處可看到許多五花八門的科技產品，而電腦更是成為家家戶戶的必備品。由於資訊的發達，在家中工作已不是夢想，甚至可以利用網際網路透過各種貿易的接洽而完成一筆交易。逢年過節，不必再辛苦的寫賀卡，到郵局郵寄，只要一封e-mail，立刻完成；查資料也不必大老遠的跑到圖書館，甚至看雜誌也能利用電子書觀看。進入新聞網，能夠得知最快的新聞；連股票投資也能以電子下單；網路商店更是琳瑯滿目的商品任君選擇；經營農場也能在電腦上發燒，只要進入遊戲王國，就能玩到愛不釋手，這些都是網際網路的好效果。

運用電腦協助工作，使我們不論在資訊的擷取傳播、人際關係的接觸拓展、工作的多元蛻變等等，均較往昔迅捷與蓬勃，電腦科技的不斷精進，與通訊技術結合之下的資訊化，不斷改變過去提供服務模式，因此，發展新興的網路、電子商務服務行業，的確為人類帶來無限的美好遠景。

(二)科技的創新發展

科技作為經濟發展的動能，是近二十年來台灣不斷往前邁進的關鍵，但是除了經濟成長，科技對社會與環境也有所貢獻，提供一些傳統方式無法做到的解決方案。為迎接少子高齡化與無所不在網路社會之來臨，兼顧節能、永續、便利、舒適的建築功能已為時勢所趨，因此，智慧型住宅係指藉由自動控制、光纖寬頻網路及行動通訊之整合，提供兼顧安全、健康、便利、舒適、節能、永續之生活環境，相關產品包括行動監控系統、空調自動化系統等。全球智慧型住宅之發展，大致朝安全防護、醫療照護、娛樂、便利舒適、環保節能等方向邁進，更是促進服務業發展的趨勢。

Chapter 2

服務業的範疇與分類

- ■第一節　服務業的範疇
- ■第二節　服務業分類概說
- ■第三節　服務業偶舉介紹

在所有經濟活動中，以服務的生產為主的產業基本上稱為服務業。服務業是市場經濟的基礎事業，在世界先進國家當物質生產達到一定水準後，人民就會期望提高生活的品質，因此產業就需由生產導向轉朝向服務導向發展。

 ## 第一節　服務業的範疇

目前各種服務業的界限愈來愈接近，旅行業、保險業，與交通運輸及飯店業甚至信用卡服務之間，在業務上有著相當程度的連結；銀行業、保險業、投資業有許多共同的服務項目；在數位化影音、資料、電腦軟體及消費性電子之間也有相似的服務，這些都是產業服務導向發展的結果。因此，服務業基本上可分為四大範疇：

1. 製造服務業：此類的服務需求成長速度非常的快速，隨著科技、工業等製造業發展得一樣迅速。例如電腦的維修、機器的保養以及商品的運送等等。
2. 商業化服務業：這一類的需求成長速度更是超越製造服務業的發展速度。例如廣告傳播、行銷研發、銀行、保險、財務會計、信用卡、商業服務中心及各項軟體服務。
3. 公共行政服務業：這類屬於國家政府的功能之一，政府整個行政管理隨著社會的進步，在接觸人民的行政工作服務之效率與程序發展，對各行各業而言都是重要的活動。
4. 消費者服務業：對消費者接觸最直接的服務行業，例如教育、運動休閒、觀光旅遊、美容、娛樂、投資、資訊、保健醫療、顧問諮詢、經紀服務等行業。

由服務業的四大範疇可再延伸出更多元的服務業範圍，茲分述如下：

一、觀光餐旅業

觀光餐旅業所涵蓋的規模是我國近來努力發展服務業的重點之一，舉凡能讓旅客感到舒適及滿意的活動都有關。觀光餐旅相關的服務提供者包含：

1. 住宿方面：從高級觀光大飯店、商務飯店、精品飯店、汽車旅館至旅社。
2. 餐飲方面：也可由高級料理餐廳、速食店至路邊攤的小吃店。
3. 活動提供方面：由旅行社導遊、領隊、開發活動企劃到通訊、貨幣兌換等都是。
4. 交通方面：航空、郵輪、火車、遊覽車、出租車等。

二、醫療保健

醫院是人們需要醫療服務時就會前往接受服務的地區，為了提供人們適當的照顧使身體回復健康，一般醫療設備完整的大型醫院通常會提供病人休息的房間、負責醫療各種疾病的專門醫師、護理及清潔人員、掛號、結帳、處理病歷等行政人員，以及手術房、藥品提供、檢查儀器、為病人或員工提供伙食的廚房餐廳等，醫院尚有各種專門的專科診所，如牙科、耳鼻喉科、家醫科、小兒科、眼科、皮膚科、骨科及婦產科等；另外，現代蔚為時尚的健康管理中心、復健中心、美容診所等也是服務業的範圍。

三、顧問諮詢公司

可提供針對各式各樣不同行業的公司由籌備、規劃、經營發展，

至改組、購併及擴展等需求提出建議，並擬定各項地區性或全球性的經營策略，甚至涵蓋到公司軟體系統提供安裝、人力派遣、稅務財務處理、市場調查等各項發展服務事業。

四、休閒運動娛樂

近年來政府以BOT的方式提供許多的休閒娛樂運動產業，如運動中心經營管理、焚化爐的休閒娛樂設施、安養中心等，及私人經營的運動休閒健康俱樂部、體適能中心、休閒農場、渡假村、民宿、主題樂園、休閒娛樂廣場至目前廣受年輕人歡迎的KTV及電影院都涵蓋在內。

五、零售服務業

由大型的購物中心以滿足消費者一次購足的需要提供服務；百貨公司提供滿足時尚精緻的需求服務；專賣店強調客製化服務、差異化

露營區已是現在戶外休閒的好地方

生活日用品專賣店強調客製化服務、差異化服務等吸引顧客目光

服務等吸引顧客目光；超商強調迅速便利滿足顧客的需求；到大賣場以生活綜合服務提供至多樣化的廉價路邊攤，也都是服務業的範圍。

六、一般運輸相關產業

除配合觀光旅遊事業的運輸服務外，也由設備完善的各大航空公司提供貨物運輸服務、船務運輸業、貨物配送運輸、高鐵、火車、公車、遊覽車至計程車業等均為範圍。

七、公共服務業

所謂公共服務業指的是政府或地方為社會大眾所提供的各項服務而言，包含水電供應、公共衛生、道路維修、公園路樹維護、治安維持、各項證照核照及申請登記等工作，如戶政及地政事務所、國稅局、非營利事業單位等。有些公共服務的項目也和私人機構一樣提

澳門為了推廣博弈觀光，也將周邊公園環境打造成主題式觀光景點

供相同的服務，如學校、交通、診所、郵局。因此，在此方面的服務事業，就有公立與私立之分別，然而公立與私立之差別主要在於為某些族群服務時，私人機構基於競爭壓力與經濟財務的開發，會強化及增加更多元的服務來爭取業務，公立機構有時受限於政策規章或經費困難，也有的是來自員工心態問題無法提供較有效率的服務。但也有一些公立機構肩負服務百姓的責任，明知無法謀利也必須進行服務，例如偏遠地區的郵政服務或醫療診所以及公營汽車，即使不敷成本也必須提供服務。公共服務的基本特色乃是其基本經濟資本來源係來自百姓所繳的稅金所形成的公共資金，而且此資金運用有法規及程序規範，其決策一般來自中央，行動需經許多官方核准，並有管理機關負責監督。同時公共服務須有利於大眾福利為基礎，但有時會犧牲少數人自由及權利以謀求大多數人利益。

八、商業化服務業

一般保險業的特色乃是售出一份保單即是一個承諾，承諾投保人一旦發生符合承保範圍內的事件時，保險公司會依約進行賠償，也就是當顧客申請理賠時須進行一切該負責的服務。保險公司除了提供一般人身保險服務以外，產物的保險、理財投資型保險等，同時保險業與國際貿易也是息息相關，許多保險都是經過全球再保險，當空難發生、瓦斯外洩、大地震海嘯產生而造成大量死亡等重大意外時，全球許多家保險公司就可共同分擔損失。除了一般保險業外，銀行業為顧客提供存提款業務、貸款、匯兌、投資理財等金融業務，由於金融風暴影響，銀行業更是提供最佳服務以提升競爭力。另外，擁有各種先進科技的儀器設備及傳輸全球資訊功能的商務中心，以至僅提供秘書服務及一台電腦、多功能事務處理機就提供服務的秘書中心，也都是在商業服務的範圍。

 第二節　服務業分類概說

一、服務業政策分類

(一)依我國目前的經濟發展階段分類

依我國目前的經濟發展階段，服務業可分為三大類：

1.第一類：隨著平均所得增加而發展的行業。例如：醫療保健照顧業、觀光運動休閒業、物業管理服務、環保業等。

2.第二類：可以支持生產活動而使其他產業順利經營和發展的服務業。例如：金融、研發、設計、資訊、通訊、流通業等。

3.第三類：在國際市場上具有競爭力或可吸引外國人來購買的服務業。例如：人才培訓、文化創意、工程顧問業等。

(二)依據WTO服務業分類

依據WTO服務業分類，服務業計分為十二大類：

1.商業服務業。

2.通訊服務業。

3.營造及相關工程服務業。

4.配銷服務業。

5.教育服務業。

6.環境服務業。

7.金融服務業。

8.健康與社會服務業。

9.觀光及旅遊服務業。

10.娛樂、文化及運動服務業。

11.運輸服務業。

12.其他服務業。

(三)以我國2003年由行政院經建會訂定服務業之產業分類

◆流通服務業

連結商品與服務自生產者移轉至最終使用者的商流與物流活動，而與資訊流與金流活動有相關之產業則為流通相關產業。產業範圍包括批發業、零售業、物流業（除客運外之運輸倉儲業）。

◆**通訊媒體服務業**

　　利用各種網路，傳送或接收文字、影像、聲音、數據及其他訊號所提供之服務。產業範圍包括電信服務（固定通信、行動通信、衛星通信及網際網路接取）等服務，與廣電服務（廣播、有線電視、無線電視及衛星電視）等服務。

◆**醫療保健及照顧服務業**

1.預防健康服務：成人健診、預防保健服務、健康食品、健身休閒。
2.國際化特色醫療：中醫、中藥及民俗療法行銷國際化。
3.醫療國際行銷：結合外交與媒體共同行銷國內強項及罕見疾病醫療技術。
4.醫療資訊科技：電子化病歷、預防保健知識通訊化、遠距居家照護服務、建立全國整合性醫療健康資訊網。
5.健康產業知識庫：建立健康知識資料庫規範。
6.本土化輔具：獎勵本土輔具研發，建立各類輔具標準認證系統，輔具供需資訊與物流或租賃中心。
7.無障礙空間：結合建築、科技、醫療及運輸等，規劃公共空間及居家無障礙環境。
8.照顧服務：醫院病患照顧、居家照顧、社區臨托中心、失智中心。
9.老人住宅：老人住宅並帶動其他相關產業，包括交通、觀光、信託、娛樂、保險。
10.臨終醫療服務：安寧照顧企業化。

◆**人才培訓、人力派遣及物業管理服務業**

1.人才培訓服務業：高等教育、回流教育及職業訓練，訓練機構可能包括提供高等教育、回流教育的在職專班、推廣教育學分

班、終身教育的社區大學等，及提供職訓教育之純粹公共職訓機構（公、民營）、企業附設（登記有案）、政府機構、各級學校之附設職訓、部分短期補習班及學校推廣班（部）推廣教育的學分班等。

2. 人力派遣：主要是一種工作型態，除從事人力供應業之事業單位外，其他如保全業、清潔業、企管顧問業、會計業、律師業、電腦軟體業等，亦從事部分人力派遣業務。

3. 物業管理服務業：針對建築物硬體及服務其社群與生活環境之軟體，作維護管理與全方位之經營。物業管理服務業依其服務項目可分為三類：

   (1) 第一類：建築物與環境的使用管理與維護提供建築物與環境管理維護、清潔、保全、公共安全檢查、消防安全設備及附屬設施設備檢修等服務。

   (2) 第二類：生活與商業支援服務提供物業代辦及諮詢行業、事務管理、物業生活服務（社區網路、照顧服務、保母、宅配

愈來愈多人投入命理人員培訓

物流）、生活產品（食衣住行育樂）及商業支援等服務。

(3)第三類：資產管理提供不動產經營顧問、開發租賃及投資管理等服務。

◆**觀光及運動休閒服務業**

1.觀光服務業：提供觀光旅客旅遊、食宿服務與便利及提供舉辦各類型國際會議、展覽相關之旅遊服務。

2.運動休閒服務業：運動用品批發零售業、體育表演業、運動比賽業、競技及休閒體育場館業、運動訓練業、登山嚮導業、高爾夫球場業、運動傳播媒體業、運動管理顧問業等。

◆**文化創意服務業**

文化創意產業指源自創意或文化積累，透過智慧財產的形成與運用，具有創造財富與就業機會潛力，並促進整體生活環境提升的行業。產業範圍包括視覺藝術產業、音樂與表演藝術產業、文化展演設施產業、工藝產業、電影產業、廣播電視產業、出版產業、廣告產業、設計產業、設計品牌時尚產業、建築設計產業、創意生活產業、數位休閒娛樂產業等。

◆**設計服務業**

1.產品設計：工業產品設計、機構設計、模具設計、IC設計、電腦輔助設計、包裝設計、流行時尚設計、工藝產品設計。

2.服務設計：CIS企業識別系統設計、品牌視覺設計、平面視覺設計、廣告設計、網頁多媒體設計、產品企劃、遊戲軟體設計、動畫設計。

◆**資訊服務業**

提供產業專業知識及資訊技術，使企業能夠創造、管理、存取作業流程中所牽涉之營運資訊，並予以最佳化之服務是為資訊服務。產

業範圍包括：

1. 電腦系統設計服務業：凡從事電腦軟體服務、電腦系統整合服務及其他電腦系統設計服務之行業均屬之。
2. 資料處理及資訊供應服務業：凡從事資料處理及資訊供應等服務之行業均屬之〔含網際網路服務提供者（ISP）〕。

◆研發服務業

研發服務業係指以自然、工程、社會及人文科學等專門性知識或技能，提供研究發展服務之產業。產業範圍包括：

1. 提供研發策略之規劃服務：業務內容包括市場分析研究、技術預測、風險評估、技術發展規劃、智慧財產檢索、智慧財產趨勢分析、智慧財產布局與研發成果產出之策略規劃等。
2. 提供專門技術之服務：業務內容包括產業別或領域別技術及軟硬體技術服務、實驗模擬檢測服務及量產服務等。

通訊服務店面目前處處可見

3.提供研發成果運用之規劃服務：研發成果投資評估、創新創業
育成、研發成果組合與行銷、研發成果評價、研發成果移轉與
授權、研發成果保護與侵權鑑定、研發成果獲利模式規劃等。

◆環保服務業

環境保護服務業包括：空氣污染防制類、水污染防治類、廢棄物
防治類、土壤及地下水污染整治類、噪音及振動防制類、環境檢測、
監視及評估類、環保研究及發展類、環境教育、訓練及資訊類及病媒
防治類等九大類。

◆工程顧問服務業

工程顧問服務業係以從事各類工程及建築之測量、鑽探、勘測、
規劃、設計、監造、驗收及相關問題之諮詢與顧問等技術服務為專業
者之行業，目前分為建築師、專業技師、顧問機構三種不同業別。

◆金融服務業

金融及保險服務業係指凡從事銀行及其他金融機構之經營，證券
及期貨買賣業務、保險業務、保險輔助業務之行業均屬之。產業範圍
包括銀行業、信用合作社業、農（漁）業信用部、信託業、郵政儲金
匯兌業、其他金融及輔助業、證券業、期貨業以及人身保險業、財產
保險業、社會保險業、再保險業等。

二、服務業其他分類

(一)服務活動過程分類

服務業的特色之一乃是消費者參與服務活動過程，因此，根據
Lovelock的觀點，就其服務活動內容與服務的對象可將服務業分為以
下類別（如**表2-1**）：

表2-1　服務活動過程分類

服務活動過程	服務標的	
	以人為主	以物為主
有形服務	人身處理為服務 ·運動俱樂部體適能訓練 ·餐廳 ·醫療 ·乘客運輸 ·住宿 ·美容／美髮	實體物品 ·衣物清洗 ·寵物照顧 ·修理物品 ·貨物運送 ·環境清潔維護 ·倉儲
無形服務	人的心靈為服務 ·音樂會 ·教育 ·諮商／管理顧問 ·宣傳 ·藝術／娛樂	資訊處理非實體物 ·保險 ·理財投資 ·會計處理 ·法律服務 ·研究顧問

◆以人為主的有形服務

　　是以人的身體為對象產生的有形服務活動，例如運動俱樂部目的是鍛鍊人的身體提升體適能增進健康為主；餐廳提供飲食服務滿足人的食慾；醫療解決人的病痛促進身體健康；交通工具協助乘客運輸進行空間移動活動等。這種類型的服務，消費者須親臨提供服務的場所參與服務活動，也需要花費時間來接受服務。對消費者而言，他們不但關心服務的結果如何，同時也在意整個服務活動過程的內容，故業者應注重以良好環境提高消費者參與意願，讓服務人員與顧客有良好互動，讓其他顧客有恰當的言語行為。因此，經營管理者須細心觀察顧客在接受服務的過程中有何反應，找出顧客真正的需求與期望。

◆以物為主的有形服務

　　是以人的物品為對象產生的有形服務活動，以有形行動來處理顧客的持有物，顧客參與程度較低。至於人是否須親自到服務現場，則因服務的對象及服務生產地點有所不同，例如衣物清洗、寵物照顧、

修理物品等,人可以將物品送至服務場所接受服務,也可由提供服務者派人到顧客處,將顧客所有物帶回進行服務活動。在這類的服務中,顧客扮演的是提出服務要求內容、付款及說明的角色,較少有直接參與服務過程。業者應注重如何有效率的交付物品,如何降低顧客的知覺風險,可讓顧客瞭解服務進度及內容,來降低不確定感和知覺風險。

◆以人為主的無形服務

服務人員將無形行動用於顧客的心智,是以人的心靈為對象產生的無形服務活動,應注重讓消費者以輕鬆、省時、有效的方式獲得心理刺激。例如音樂會、教育、諮商、宣傳等,與顧客進行心靈服務活動。這類服務內容會影響人的態度,服務結果也會影響人的行動,因此這類服務須有一些倫理與道德規範存在,顧客可親臨現場參與服務內容或藉遠距傳遞服務,無論如何都需要融入心思在場,另外也可轉換為CD或數位資訊方式呈現,如此服務就成為有形產品。

◆以物為主的無形服務

這類服務是屬於對顧客無形資產的服務,如保險、理財投資、會計處理、法律服務、研究顧問等。以資訊服務為主的服務,主要服務內容針對顧客無形資產進行各種處理。應注重凸顯企業本身的專業知識與精神,運用資訊科技來傳遞服務與確保服務品質。而服務活動主體來自人腦及電腦,服務工作內容為對有效資訊蒐集與處理,傳遞給顧客,協助顧客解決疑問與難題。資訊是無形服務成果,但有時也會以報告書、光碟片、錄音帶等產品將服務結果呈現出來。

(二)服務傳遞接觸方式分類

也就是以顧客和提供服務業者接觸的形式來加以分類(如**表 2-2**),包含:

表2-2　服務傳遞接觸方式分類

服務接觸方式	例子
顧客自己到服務場所	餐廳、美容、電影、遊樂園、舞台表演
服務人員到顧客所在地	家教、餐飲外送、室內裝潢、道路救援服務、除蟲或打掃服務、居家看護、電話叫計程車服務
雙方以遠距傳遞接觸	電視、電台、電信、網路購物

◆顧客自己到服務場所

涉及特定設備與儀器的服務，提供服務者無法將設備或器材進行移動，顧客往往需親臨服務現場，如餐廳、美容、電影、遊樂園等。

◆服務人員到顧客所在地

當服務的標的與顧客所在地密切相關，或是顧客特別重視節省時間、精力，提供服務組織或業者也需要到顧客所在地提供服務。如家教、餐飲外送、室內裝潢、道路救援服務、除蟲或打掃服務、電話叫計程車服務等。

◆雙方以遠距傳遞接觸

為了顧慮服務的便利性及時效性，無論顧客到服務組織之服務地點或服務工作者到顧客指定場所，雙方透過通訊遠距接觸。如電視、電台、電信、網路購物等。

(三)服務需求分類

業者對消費者提供服務常因服務無法儲存的特性，受到時間、空間的影響產生需求波動，因而造成尖峰與離峰兩類時段在需求波動大的服務業是無法避免的。例如航空公司機位當起飛後，一位難求的盛況就消失了，旅遊旺季旅館一房難訂，而淡季時卻是空房一堆，這些現象乃在供需的本質上，如果產生失調對業者將是一大困擾。提供服務者針對供需問題應有應變對策，因此，在產能與需求上取得平衡對

業者在經營上是一項重要挑戰。其分類如**表2-3**所示。

◆需求波動大

表示尖峰時段需求大於供給,因而容易造成顧客等待,產生抱怨,部分顧客無法享受到服務就須離開,業者就白白損失上門的客人。而離峰時段,供給又大於需求,常看到服務場所甚至出現員工多於顧客的現象,這代表業者的資源浪費,更是一大損失。因此,業者為了因應這些現象,通常的對策為如果產能來源較固定,常用以價制量來調節,即尖峰漲價、離峰降價,例如運動俱樂部會員分一般會員及離峰會員,針對離峰會員給予低價招募方式吸引顧客。如果是產能來源較彈性,則透過調整產能因應需求波動,例如現在大學因應少子化的社會現象,減少師資與課程。

◆需求波動小

但也有些服務業需求波動沒有那麼明顯,例如銀行、法律服務、洗衣店、保險等。

(四)顧客關係型態分類

服務業中業者與顧客常會在正式或非正式持續關係基礎上提供及獲得服務。例如加入運動俱樂部成為會員,想運動時就會一直到加入的那一家去運動;網路上在facebook註冊為會員,就會常上去與朋友聯繫。會員制有利服務業者運用顧客資料以達顧客與企業雙贏,會員制或提供連續服務的業者應思考,是否收取入會費或年費,及如何定

表2-3 服務需求分類

需求波動程度	例子
需求波動大服務	運動俱樂部、遊樂園、旅館業、運輸業、戲院、電力服務、會計及稅務單位
需求波動小服務	銀行、法律服務、洗衣店、保險

價等，收取會員費用的業者，應建立良好績效與形象以爭取顧客信賴。當然無論是否成為會員身分，顧客在接受服務時，又可分為連續的傳遞及計次非連續傳遞兩種方式。因此，依據服務業者與顧客的關係及服務傳遞方式來分類，可分為四種類型（如**表2-4**）：

◆會員連續傳遞

以加入會員方式建立正式關係，並一次加入後，將連續接受該服務業者提供的服務。如保險、運動俱樂部、電子信箱、有線電視用戶、學校、銀行。

◆會員計次傳遞

雖然也是以加入會員方式建立正式關係，但並不一定會持續接受一段時間的服務，而是採每次使用計算費用的方式。如捷運悠遊聯名卡、通勤回數票、電話用戶長途電話、旅館套票。

◆非會員連續傳遞

不需要建立正式的關係，但仍提供經常性的服務，顧客會持續來接受服務。如公共服務、廣播電台、高速公路、電視台。

◆非會員計次傳遞

不需要建立正式的關係，同時採計次使用的方式提供服務。如租車、公共電話、公車、餐廳、電影院。

表2-4　業者與顧客的關係及服務傳遞方式分類

服務傳遞特質	業者與顧客的關係	
	會員關係	無正式關係──非會員
連續傳遞	保險、運動俱樂部、電子信箱、有線電視用戶、學校、銀行	公共服務、廣播電台、高速公路、電視台
計次傳遞	捷運悠遊聯名卡、通勤回數票、電話用戶長途電話、旅館套票	租車、公共電話、公車、餐廳、電影院

表2-5 客製化程度分類

客製化程度	例子
高度客製化服務	醫療、私人運動訓練、室內設計、法律服務、美容／美髮師、私人家教
低度客製化服務	公共服務、電影院、公共運輸、舞台表演

(五)客製化程度分類

服務業提供的服務常因生產與消費的不可分割性，同時常須消費者參與，故針對不同客人提供符合個別需求的服務是常須顧及的。但高度客製化一定較好嗎？答案應該是「不一定」，必須視本身的核心競爭力、定位、消費者對服務效率與成本的反應、商機等而定。因此，就服務的客製化程度可分為以下兩大類（如**表2-5**）：

◆高度客製化服務

依據顧客需求、情境因素、服務人員的專業判斷等來調整服務的內容或提供方式等。如醫療、私人運動訓練、室內設計、法律服務、美容／美髮師、私人家教等服務。

◆低度客製化服務

有些服務無法針對每一位顧客需求提供服務，而是採較標準化的服務模式。如公共服務、電影院、公共運輸、舞台表演。

第三節 服務業偶舉介紹

雖然前兩節探討了服務業的範疇及以各種角度來劃分服務業的類型，但在一般大眾的認知中對服務業的概念，仍在服務業範疇內延伸出的範圍內，故本節就服務業範疇內延伸出的範圍例舉常接觸的並具

有代表性的十項服務業，如旅館業、餐飲業、旅遊業、休閒運動娛樂業、保險業、醫療保健服務業、公共服務業、通訊服務業、金融服務業、零售百貨業等加以介紹，以利對服務產業進一步的認識。

一、旅館業

(一)旅館產業概況

根據世界觀光旅遊委員會（World Travel & Tourism Council, WTTC）就觀光產業對世界經濟貢獻度所進行的相關統計顯示，至2010年觀光產業的規模將達全世界GDP的11.6%，觀光產業之於全球乃至於單一國家之經濟發展扮演重要之角色。旅館乃是提供餐食及住宿的設施，提供具有家庭性的設備的一種營利事業，同時對公共負有法律上的權利與義務，並且提供其他附帶的服務稱之。

(二)旅館的類型與服務

旅館業通常有其明確的銷售對象和目標市場。所以，依旅館特色和顧客特點可將旅館劃分爲商業性旅館、渡假性旅館、汽車旅館、長住型旅館、精緻旅館等類型。在服務方面也會有一定的形式。例如，客房的服務形式、餐廳特有的服務型態，而這些型態大部分係採自歐美先進國家，再經過不斷的改進或發揚，才成爲每一家旅館不同的服務形式。主要服務有：

◆前檯作業

客房管理爲旅館經營管理上必備的專業知識，不外乎是對人、事、物的管理。旅館業的經營模式，由簡易至多角化經營型態面臨轉型階段，逐漸具備食、衣、住、行、育、樂等功能，因此需要更多人力、物力的相互支援。一般國際觀光旅館客務部組織可分爲訂房組、

服務中心、大廳副理與夜間經理、櫃檯接待、總機、商務中心、櫃檯出納等。

◆房務作業

客房是旅館最直接的產品，屬硬體設施，須加上服務人員的各式服務，才能產生商品價值。而房務部主要在提供住客一個清潔、舒適、安全的住宿環境，以確保房間處於常新及舒適的狀態，給住客留下一個美好的印象。房務部服務項目包含保母／托嬰服務、加床服務、嬰兒床服務、擦鞋服務、客房迷你吧服務、洗衣服務、貴賓服務等。

(三)旅館服務的特性

1.服務性：服務人員的服務，使顧客感到「賓至如歸」的服務，使得生活品質提升。

為因應開放大陸人民自由行政策推動帶來的
商機，台北市區內多家商務型飯店紛紛成立

2.公共性：旅館是生活的服務，食、衣、住、行、育、樂均可包括，所以是一個最主要的社交、資訊、文化的活動中心。

3.豪華性：設備宏偉、時尚、舒適、安全的陳設，永遠保持嶄新的設備與用品，尤其現代興起的精緻旅館，更因室內設計氣氛之互異，令人置身其中，有如進入不同時空氣氛之中。

4.全天候性：二十四小時全天服務，永遠敞開大門歡迎顧客上門。

(四)旅館產業未來的趨勢

要在競爭激烈的旅館服務業中生存成長，未來旅館服務業要往能源控制系統及自動化科技的方向發展，並且善用人力資源調度，配合餐旅產業整合發展，針對會議展覽服務業發展及賭場旅館可能不斷成長的趨勢加以規劃。

二、餐飲業

(一)台灣餐飲的特色及經營現況

台灣餐飲與中國大陸不同的特色在於對海鮮的偏好、兼容並蓄的餐飲文化、速食餐廳林立、健康及養生的觀念融入餐飲，以及主題式和複合式餐廳興起。而在經營現況不外乎以連鎖經營、便民餐飲、休閒消費、綠色健康的理念與推廣、外商投資、人力資源充沛方向著手經營。

(二)一般餐飲業及台灣餐飲業的類型

◆一般餐飲業的類型

一般餐飲業分為：商業型餐飲和非商業型餐飲兩種。

1.商業型餐飲：以營利為目的。由於客源不同，商業型餐飲又可分為一般市場和特定市場。「特定市場」指所服務的客源限定在某一階層或僅在某一特定區域裡活動，所以運輸業附設的餐飲組織及私人俱樂部皆屬於此型；「一般市場」餐飲業的客源特性較無明顯差異，只要顧客願意在此消費，就提供餐飲服務，一般外食是此類型的最大消費。

2.非商業型餐飲：指附屬某一特定單位的餐飲，其營業目的具有福利或慈善的意義，其主要資金通常來自於贊助、捐款、政府或機關的預算。

◆台灣餐飲業的類型

台灣餐飲業的分類則可分為：

1.觀光飯店：餐飲在國際觀光飯店中的分量很重，因為餐飲收入是觀光大飯店收入主要來源，也是觀光大飯店產品主要組成部分，更是招徠顧客的重要競爭力。

2.餐廳：指外食者正式用餐的場所，在台灣的餐飲市場裡，一般餐廳依產品口味的不同，可分為中餐廳、西餐廳和日本餐廳等。

3.自助餐、便當業：

(1)自助餐：可分為兩種形式，一種是客人自行到餐檯取菜，而後依所取之樣數付帳，英文稱之為cafeteria；另一種也是客人自行取菜，但是一次付費任你吃到飽，英文稱為buffet。兩種方式都是自助型或半自助型的服務方式。

(2)便當業：又稱為餐盒業，可說是以米食為主之民族的一大餐飲特色，更是外食者不可或缺，解決吃飯問題的一項服務事業。

4.冷飲業：飲料可說是進入餐飲業門檻較低的一類，因此隨處可看到無論是自行經營或連鎖加盟的冷飲店到處林立。

5.攤販：攤販業面臨的最大問題應是難以合法化、衛生及安全問題堪慮、居住環境髒亂的禍源、食品品質難以維持等。

(三)餐飲服務的範圍與發展趨勢

餐飲服務，應非僅限於提供餐飲的純熟技巧，綜觀用餐場所的內外，各項設施皆應包括在服務的範圍內。高品質的餐飲服務涵蓋服務程序及服務態度，並且由本質、家庭價值、環保、健康、道德各方面著手設計。對於未來餐飲業發展趨勢應是速食業將持續擴大，另外主題概念式的餐廳將會成長，大型餐飲持續發展連鎖加盟，並且運用科技電子化融入餐飲業。因此，將來餐飲業經營管理因應之道須打破規則，以客人需求為依歸，重新定位找到利基點，同時要能創新增加競爭力，並且注重人才的培育。

在台灣餐飲業是朝多樣化經營，琳瑯滿目的餐館處處可見

三、旅遊業

(一)旅行社

旅行社是旅遊業中重要的服務業者，一般旅行社乃是須經中央主管機關核准，為旅客設計安排旅程、食宿、領隊人員、導遊人員、代購代售交通客票、代辦出國簽證手續等有關服務而收取報酬之營利事業。

◆旅行社屬性

1. 提供勞務與知識的服務業：將資源組合的勞務產品，人際關係的運用，更是旅行業發展營運的主要手段，故從業人員的良莠，是旅行業成敗關鍵。
2. 介於消費者和相關事業體間的中間商：因而須以專業知識和勞力達成營運目標，同時也是資源連結者及通路結構者。
3. 開業容易，競爭激烈困難之行業：一般進入門檻低，因此同業競爭相對較大，加上資源取得容易，商品均可售，同質性很高，所以具競爭性強的屬性。
4. 許可事業：必須經中央觀光主管機關核准，並且需依法辦理公司設立登記，以公司型態組織經營之事業。
5. 專業經營之營利事業：專門經營法定營業範圍內之業務為限，以營利為目的之社團法人。
6. 具專業性、季節性、整體性、競爭性的行業：因此需固定在職訓練、自我要求精神之投入，並且全面電腦化作業，是季節創造者，將需求彈性經價格策略改變流行潮流之多元化事業。所以，須以行銷手段擴充消費者市場，提升服務品質，重視旅

客選擇因素及價格敏感度，並且能夠機動性調整商品，創造口碑，以長遠眼光整合專業之行業。

◆我國旅行社分類

1. 綜合旅行社：資本額2,500萬、保證金1,000萬，可委託甲種旅行業招攬業務，也可委託乙種旅行業招攬國內團體旅遊業務，並且代理外國旅行業辦理聯絡、推廣、報價等業務。
2. 甲種旅行社：資本額600萬、保證金150萬，不得委託其他甲、乙種旅行社代為招攬業務，不得代理外國旅行業辦理聯絡、推廣、報價等業務。
3. 乙種旅行社：資本額300萬、保證金60萬，不得接受代辦出國之業務，不得接待外國觀光客，不得自行組團或代理出國業務。

◆旅行社人員及業務範圍

旅行社人員包含：

1. 經理人：可說是公司最重要主腦、決策人士。
2. 導遊人員：指公司招攬來之國外團體，公司派人員來接待或引導觀光之旅遊人員。
3. 領隊人員：乃是公司組團出國時，指派一位帶領團體出國之人員。
4. 職員：在旅行業工作之人員，包含行政人員、業務人員等。

業務範圍含括：

1. 代辦觀光旅遊相關業務：如辦理出入國手續、辦理簽證、票務。
2. 遊程承攬：如行程安排與設計、組織出國旅遊團、接待外賓來訪業務、代訂國內外旅館及機場接送、承攬國際性會議或展覽會之參展旅程、代理各國旅行社業務或遊樂事業業務、經營包

機業務。

3.執行交通代理服務：如代理航空公司或其他交通工具、遊覽車
業務或租車業務。

4.異業結盟與開發業務：如經營移民或特殊簽證、出售旅行社電
腦軟體、經營航空貨運報關貿易等運送業務、經營銀行或發行
旅行支票、參與旅行業相關餐旅遊憩之投資、代理或銷售旅遊
周邊商品或與信用卡公司合作等。

(二)交通運輸業

在旅遊業中旅行社除與旅館業者接觸外，其次就是與交通運輸業
關係最密切，包含航空、陸上運輸及水上運輸等。

◆航空公司

1.航空公司的分類及特質：

(1)定期航空公司：包含國際定期航線，需獲兩地國家政府許
可，取得航權，採固定航線，提供空中運輸服務；以及國內
定期航線，乃是聯絡城市與城市間的交通橋樑。

(2)包機（不定期）航空公司：因應顧客需求，只要有航線的地
點，都可提供服務。包機也有些限制，如民用航空運輸業申
請國內包機，應於起飛十工作日前向民用航空局提出申請；
國際旅遊包機需甲種以上旅行社；旅行業辦理包機起飛前
三十日送資料申請；國內包機應於預計起飛三日前向航空站
申請，包機費用由全部旅客分攤，不得有優待或免費，但可
對兒童票減收半價。

2.航空公司有關客運業務：

(1)業務部：機票發售單位，主要作旅程設計協議、機票躉售、
信用額度、優待票申請。

(2)訂位組：主要工作是旅行社於每季末，排出下季出國日期、

目的地及所需機位送該組確認，並委託代辦出境通報及機位再確認。

(3)票務部：負責團體票價核算及票務手續。

(4)旅遊部：負責辦理旅行業與旅客之簽證。

(5)機場客運部：負責櫃檯報到，如查證件、托運行李、劃位、發登機證；行李遺失組則處理旅客行李遺失之業務；貴賓室負責臨時接待貴賓之事務。

台鐵現在為提升對通勤族的服務品質，不但整修門面，更縮短等車時間，將短程鐵路捷運化

基隆積極發展遊艇旅遊

資料來源：http://www.epochtimes.com/b5/5/10/12/n1082495.htm

◆**其他運輸業**

　　1.火車：日本鐵路週遊券、歐洲聯營火車票、台灣鐵路、捷運。

　　2.遊覽車：除了團體旅客租用之外，也做定點遊覽交通工具。

　　3.水上運輸：遊輪、渡輪、遊艇。

四、休閒運動娛樂業

　　休閒服務業中的遊樂園及主題樂園，為高成本、回收期長的服務業，近年來國內觀光遊樂業有朝大型化、主題化及客層分層規劃訴求等方向發展的趨勢。而遊樂園業受到國內整體旅遊市場影響，因此在旅遊市場仍具有成長空間下，本產業應可受惠於旅遊市場之成長而帶動其景氣表現。

(一)休閒俱樂部

◆休閒俱樂部的定義

　　是一種集合相同消費行爲的封閉式社交團體，通常會有資格審核程序以取得入會資格，同時具有社交、休閒活動功能，不用現金交易爲主。而這一群消費者在此封閉式社交團體中，由休閒俱樂部業者提供運動、健身、休閒、娛樂等器材設施及指導或諮詢服務，或餐飲、住宿、會議等功能，使這群消費者藉由業者提供的服務，進行消費行爲（林月枝，2006）。簡單來說，俱樂部屬於集合相同興趣、需求、消費行爲的社交團體，在同一個空間以及時間當中，休閒俱樂部提供具有休閒、社交、娛樂、運動等設施及指導或者是諮詢服務的功能。

◆休閒俱樂部的特性

　　休閒俱樂部乃是服務業的一環，在休閒事業範疇裡與旅館業及運動休閒業的有形及無形商品之特性非常相似。因此，休閒俱樂部具有一般服務業及休閒產業的相同基本特性外，還具有本身的特殊特質。

◆休閒俱樂部之分類

　　休閒俱樂部以市場經營目標定位分類如下（林月枝，2000）：

1.專業體適能俱樂部：集中在都會區，提供專業體適能運動處方及與國際潮流同步教導的各式有氧運動課程爲主；健身運動器材非常齊全。例如：加州健身中心、世界健身俱樂部等均屬此類。

2.商務型休閒俱樂部：以商務社交的身分表徵爲訴求；一般存在於商業區內爲主，或是五星級飯店內；設施除了專業體適能爲主的設施外，另外最大特色是擁有知名的餐廳提供會員佳餚及舒適的聯誼場所。例如：遠企飯店會員俱樂部、六福皇宮、世貿聯誼社、綠洲健身俱樂部、亞太聯誼會等。

3. 社區綜合型健康休閒俱樂部：此類型休閒俱樂部的產權，一般可分為兩種：一為建商擁有獨立產權，因此對外開放獨立經營型；二為附屬於社區之公共產權的俱樂部，採封閉式經營。獨立經營型一般採開放式經營，對外招募會員，其住戶有些是當然會員，免入會費但仍需繳納每月清潔費，以達使用者付費的原則，有些俱樂部為回饋社區居民針對入會費給予折扣優待。附屬社區公共設施型採封閉式經營，社區住戶為基本會員，以公共管理費來支付管銷，不以經營俱樂部利潤為目的。例如：海悅社區、傑仕堡健身俱樂部均採封閉式經營；青山鎮健康俱樂部、貝克漢休閒健康俱樂部則採開放式經營型態。

健身房、游泳池、休閒運動相關設施已是休閒俱樂部不可缺少的硬體

4. 休閒渡假型鄉村俱樂部：是一種綜合餐飲、休閒、渡假、運動之綜合型休閒俱樂部；場地較大、地點遠離都會區、設施非常多樣化，通常附設住宿、

餐飲、娛樂及戶外的活動設施，以滿足週休二日需求。例如，統一健康世界、大板根森林溫泉渡假村、理想渡假村。

5. 主題式健康運動休閒俱樂部：鎖定流行或趨勢的特殊主題為標榜，面積占地以此主題設施占大部分比例；客層訴求較為集中。例如：活水世界休閒健康俱樂部，以水療為訴求；揚昇高爾夫球俱樂部，以高爾夫球為訴求；春天酒店俱樂部，以溫泉為訴求；仕女名媛健康俱樂部，以女性為訴求；西園醫院永越健康管理中心，以預防醫學醫療及體適能為號召等。

(二)運動場館

運動場館是人們參與體育活動的場所，也是國家政府發展體育的重要條件，體育館建築與構造，結合建築科學與藝術創作美學的結晶，是一個集運動、比賽、藝文、展覽、集會等之綜合休閒活動中心。近年來政府援用民間參與公共工程建設條例精神，鼓勵民間以BOT、OT或參與投資經營運動設施，如台北市市民中心有OT也有參與

目前台北市各行政區均有一處運動中心

投資等方式，大專院校也利用學校運動場館設施開放營運，提高使用率，也是募集基金的最佳管道，運動場館更是進行運動訓練、運動競賽、休閒運動及比賽觀賞的專業場所。

◆運動場館類型

1.單項體育運動場館：如棒球場、羽球館、游泳館。
2.綜合性體育運動場館：可進行多項運動競賽與活動。

◆政府運動場館委外經營趨勢

由民間經營，透過市場競爭機制，引進民間資源及經營理念，強化運動行銷，提高民眾的運動參與率，形塑運動文化，使營運管理市場化、需求化、設施功能多樣化，藉由使用者付費觀念，改善場館設施與活動品質，爲政府機構、民間廠商、民眾創造三贏局面。

(三)休閒農業

休閒農業是目前非常夯的服務產業，尤其加入WTO之後，各縣市爲配合政府發展休閒農業，整合轄內農產業、自然景觀、休閒設施、古蹟景點等資源，各縣農會以鄉鎮市地區農會爲基點，建立相關休閒農業旅遊資訊平台，擴大宣傳休閒農業，吸引觀光人潮，促使各縣休閒農業能永續發展。

◆休閒農業的定義

根據行政院農業委員會2000年發布實施的「農業發展條例」中，將休閒農業定義爲：「指利用田園景觀、自然生態及環境資源，結合農林漁牧生產、農業經營活動、農村文化及農家生活，提供國民休閒，增進國民對農業及農村之體驗爲目的之農業經營」。

休閒農場是提供都市人親子活動最佳體驗場所

◆**休閒農業的類型**

　　根據休閒農業的定義可瞭解到休閒農業是結合生產、生態與生活一體的經營方式，以目前國內的發展約可分為三大類型：

　　1.休閒農場：此類休閒農業涵蓋觀光、體驗、教育等多樣化經營的農場、牧場或林場等。其經營主體有的是農民個人、農會、

休閒民宿的設計悠閒且有特色

合作社或農民結合之組織。提供服務產品則以產地採摘水果、提供顧客租用農地體驗經營種植農產品、生態教育、戶外教學、親子產品DIY等活動為主。

2.休閒民宿：根據「民宿管理辦法」所稱民宿，「乃指利用自用住宅空閒房間，結合當地人文、自然景觀、生態、環境資源及農林漁牧生產活動，以家庭副業方式經營，提供旅客鄉野生活之住宿處所」。除提供住宿外，也有提供餐飲及結合解說指導活動等服務。隨著國內觀光休閒旅遊的盛行，目前國內民宿林立，無論在硬體、軟體設施或經營管理上愈來愈先進，創意服務更是無奇不有。

3.休閒漁場：利用陸地上水域或自然海域從事經濟價值較高的水產品養殖，同時利用水域資源發展水域休閒遊憩活動。例如：摸蛤仔、垂釣、捉泥鰍、溯溪、水產類生態解說、牽罟、漁村生活體驗、水上休閒遊憩等活動。

兒童對水域生態活動之捉蟹摸蝦大感興趣

(四)主題樂園

　　主題樂園屬觀光遊憩區中之一種，目前一般遊樂場所不能滿足國人的需求，取而代之的是結合科幻夢想、驚險刺激、知性感性、休閒娛樂的主題式樂園。台灣現行法令，可供休閒、觀光與旅遊使用之地區或設施，可包括都市公園綠地、風景區或風景特定區、森林遊樂區、海水浴場、高爾夫球場、其他戶外遊憩區、國家公園、歷史文化古蹟、產業觀光區，以及其他博物館、動物園、民族村、文教設施與民族節慶等類型，其中其他戶外遊憩區一項，指的是公民營團體或私人在都市計畫內風景區或其他遊憩用地，投資設置的戶外休閒遊憩設施，即是一般所謂的遊樂園或主題遊樂園（陳靜芳、徐木蘭，1994）。

◆主題樂園依性質分類

　　1.機械遊樂類：如劍湖山世界、六福村。
　　2.動植物景觀類：如福山植物園、動物園。
　　3.教育文化類：如科學博物館、美術館。

4.森林遊樂類：龍谷天然遊樂區、長青谷森林遊樂園。

5.其他類：如月眉育樂世界、八仙水上樂園。

◆主題樂園產業特性

1.不穩定型產業：生命週期甚短的現象，亦缺乏標準化的作業規範、遊憩資源規劃、經營管理等之準則模式可供參考，以致業績無法趨穩，完全要靠業者本身的摸索及不斷在嘗試錯誤過程中，累積有限的管理經驗。

2.地域型產業：主題遊樂園所在的基地位置，由於資源的特性與差異，地域性產業的重要因素，從分析遊樂園的支持條件來看，人口數、交通狀況及競爭者都是不可或缺的選擇條件之一。

3.設施型產業：遊樂園是屬設施型產業，是一種顧客導向產業，機械式遊樂設施，觀賞設施、表演、競賽、服務設施、餐飲設施等，需不停地推陳出新、求新求變，才能符合顧客需求。

4.服務型產業：遊樂園具服務業四大特質，無形性、不可分割性、異質性及易逝性。

5.綜合型產業：從外在環境來看，遊樂設施與政府的土地政策、交通條件與地方其他休閒或遊憩等事業有密切關係；從內在的個體中自規劃階段起以至建設階段、營運階段各項工作，如市場調查、土地開發、硬體設計、營建造園、人才教育、遊客服務、安全維護等，都需相當專業整合才得以提供高水準、高品質的遊憩體驗。因此具明顯綜合型的產業特色。

6.高情緒勞務產業：遊樂園內所有服務員與遊客的接觸頻率相當高，遊客關係建立在彼此間的互動上，因此從業人員情緒管理相當重要。

迪士尼樂園是提供創意最具代表性的主題樂園

圖片來源：http://www.epochtimes.com/b5/7/1/25/n1602029p.htm

◆台灣未來主題樂園的導向

　　根據劉麗卿（1992）的分析，台灣未來主題樂園將有以下發展趨勢：

1.主題化的趨勢：針對分眾市場不同的品味，區隔不同鮮明主題，經由大面積園區的分區配置，融入各具特色的故事和個性化軟體，塑造豐富而多元的幻想空間，才能全方位地體驗未知世界的遊樂設施。

2.複合化的趨勢：開拓相關複合性產業的多角化設施，如擬人化主題產品的開發，以及結合休閒旅館、運動休閒產業、婚禮產業、造鎮計畫、會議與外訓產業、多夏令營、教育營和購物中心，或者農業科學園區和視聽節目製作等複合型產業的發展，以複合式的設施，發揮複合式的交叉集客效果。

3.定點化的趨勢：以大型化、多元化、精緻化的規劃，以滿足國人週休二日和長假期定點休閒渡假的多樣化與深度、廣度，而

不需浪費許多時間在舟車勞頓之間。

4.科技化的**趨勢**：以有限硬體設施發展無限軟體空間的奇幻世界，已成為遊樂產業發展主流分眾多元且全客層，知性兼具感性的科技化遊樂設施。

5.精緻化的**趨勢**：採行以美式手冊式管理取代傳統服務禮儀，成為服務員應對準則，以及實施舞台式演出管理法，才能呈現高效率與精緻化的服務水準。

6.室內化的**趨勢**：潮濕多雨的天氣不僅遊客卻步，對遊樂設施也有嚴重影響，因此除了仍須保留戶外大型樂園外，應增闢風雨無阻的全天候室內遊憩空間，使遊客不必因天候改變或延期行程，或中止計畫。

五、保險業

(一)保險的特色

乃在於當他們賣出一份保單時，他們售出的產品實際上只是一種承諾。然而保險公司要履行其承諾並非在賣保單時，而是承諾當被保險人發生保險公司所承保的範圍內的事情時，保險公司將會進行理賠。一般保險範疇很廣，從個人、團體、公司行號都是市場，承保的範圍也有許多種類。保險業的行銷市場必須將重點放在讓人們瞭解「天有不測風雲，人有旦夕禍福」的危機意識，才能創造人們對保險的需求。

(二)保險的產品

一般保險的產品種類繁多，每一種產品都有特別的約定條件、條款、保證以及不予理賠的例外情形規定，各國的條款也不盡相同。保

險產品區分為兩大類：

1. 人壽保險：標的物以人為主，常見的有終身壽險、儲蓄險、投資型儲蓄險、旅遊平安險、意外險、醫療險、養老險等。
2. 產物保險：標的物以物為主，常見的有汽／機車險、地震險、火險等。

六、醫療保健服務業

人們生病需要有醫療的服務時就會到醫院看診，使身體回復健康狀態。如果尚未生病需要預防醫學服務時，就須到健康管理中心，為健康作好適當的管理，預防生病。

(一)醫院

醫院不同於一般診所，其常見的必要條件包含：各專科醫師、護理人員、藥劑師、醫療手術及看診設備、各種不同等級的病房、提供病人伙食的廚房、藥品、清潔及行政人員等。較有規模的醫院甚至還有商店街、健康管理中心、停車場、接駁車等服務。

病人是主要的服務使用者，需要醫院安撫、照顧與治療。醫生是服務病人最主要的關鍵人員，醫生的素質決定醫院的服務品質，醫生的聲望與醫院水準息息相關，而醫院的聲望也由醫生的職業道德與醫術來維繫。

(二)健康管理中心

現代醫院愈來愈講究服務品質的提升，在硬體設備上隨著科技的進步也愈來愈精湛，但是醫院的顧客畢竟是病患，他們都是生病才需要來醫院接受治療，就算醫院將硬體展現得像觀光飯店一樣地舒適，顧客都是不得已才會來的，因此，員工無法在病人離開時對他們說歡

迎再度光臨，醫院如果想生意興隆，不就是要人多生病嗎？但如果病人減少，經營上也可能出現危機，因此，現代的醫院就發展預防醫學這一區塊的服務。預防醫學強調「早期發現，早期治療」，主要是運用合適的醫療資源來避免疾病發生，而非消極等待疾病或症狀產生。落實預防醫學，將可藉由平日的保養，維持器官的功能，增強身體自癒的能力，並追求生理及心理的均衡，也就是成立結合醫療專業與飯店服務的健康管理中心。因為健康管理中心的顧客就不是只有生病的人了，健康者藉由預防醫學的服務，減少生病就醫的次數，醫院就能對他們說歡迎再度光臨。

健康管理中心主要的業務為：

1.健康檢查：根據顧客的需求，運用高科技的儀器為顧客作各項的檢查，醫生根據健康檢查報告給予說明與建議。
2.預防醫學保健：包含醫師及營養師諮詢服務、體適能運動諮詢指導建議、健康減重服務。
3.整形醫美養生服務：以專業醫護團隊為顧客的肌膚、面貌與體

預防接種是預防保健的基本服務之一

態進行完整的服務，提供詳細的諮詢溝通、問診、檢測、治療及護理，以醫學角度與顧客討論，分析各種不同治療方式的利弊，量身規劃出專屬的療程及產品。

4. 產後照護服務：提供客房、專業護理人員全天候照顧、營養師諮詢、完善的設備、產後運動課程、舒適產後照護調養，讓顧客恢復產前健康及體態。

5. 口腔美齒服務：提供口腔檢查、牙齒美容、口腔雷射、牙齒健保診療等服務。

七、公共服務業

公共服務指的是政府或地方政府為社會大眾所做的各種服務，包括學校教育、水電供應、公共衛生、維護治安、市鎮公務服務等。

(一)公共服務的特色

1. 公共服務由公共政策所規範，財務來源在於人們繳稅累計來的，資金要運用也會受限於法規及避免濫用的程序。

2. 決策一般為中央集權的，如果有任何行動須經眾多官員批准，並且有管理機構負責監督審核。

(二)公共服務的形象

過去公共服務的人員常會給人有一種官僚作風的形象。在管理概念中，官僚組織是一種理性、合理與合法的原則為基礎的管理制度，確保組織績效的一致性、公正性與不講情面。但是這種官僚制度給人不好的印象，因為過去很多服務人員將此官僚制度的行事作風變成辦事僵硬、沒彈性、遲鈍、高傲、事不關己的態度等不良印象。現代在民主文化的洗禮之下，政府為了處處以便民為中心的服務精神，近年來在公共

服務人員的服務訓練及行政程序的變通，也都朝向服務業便民為中心的精神努力，因此，對於公共服務人員的印象這方面也漸漸改觀了。

公共服務給人的另一印象就是貪污腐敗，很多事需有好處或走

郵局乃是與民眾接觸頻繁公共服務場所之一

礁溪溫泉泡腳就是由縣政府提供消費者免費泡腳的公共設施服務

後門才能完成，加上媒體報導貪官收賄等新聞不斷，更增加人民對公共服務的這種不良印象，這對奉公守法的其他公共服務人員非常不公平，如何消除這種壞風氣正是政府須重視改善的方向。

(三)公共服務的品質

公共服務的品質要能做好，除了改善前面所敘述的不良印象以外，現在公共服務機構也朝以下方向改善，提升顧客的滿意度：

1. 滿意的環境與設備。
2. 給予顧客便利的服務行政流程。
3. 公務人員的服務教育，建立以客為尊的信念。
4. 公務人員時時檢討自己的工作，改進辦事效率。
5. 以民營服務業為榜樣，提供迎合顧客的需求服務方式。

事實上，公共服務業人員要做到好的服務品質須靠所有公務人員團結合作以外，高層的政府官員更需負擔更多的責任，重心放在該做的事情，不是想盡辦法推動不切實際天馬行空的任務，更不是做表面工夫，應付媒體及長官的目光，對於外界的批評不要等到媒體大肆報導才要改進。公共制度要創新以提升服務品質，為民眾提供良好的服務品質才是不受輿論及政治人物抨擊的解決之道。

八、通訊服務業[1]

資訊通信科技的蓬勃發展所帶動的資訊革命，如十八世紀的工業革命已對人類產生重大的影響。掌握、運用資訊通信科技，已成為二十一世紀國家與企業競爭力的最重要來源。而各式各樣資訊通訊應

---

[1] 資料來源：www.cepd.gov.tw/dn.aspx?uid=1232

用則有賴完整的通訊媒體服務平台，因此通訊媒體服務業的發展，不僅影響通訊品質的優劣，更是電子商務、數位內容等相關產業發展的關鍵，甚至是其他產業乃至國家整體競爭力的來源（行政院交通部等，2004）。

其產業特性為：通訊媒體服務屬於知識密集的服務業，尤其在數位化和行動化兩大趨勢的帶領之下，相關技術不斷推陳出新，技術和服務的更新都十分快速。同時，由於各式各樣資訊通信應用都需要通訊媒體傳遞資訊，所以通訊媒體服務也是電子商務、數位內容等相關產業發展的基礎。

我國電信市場早期是由改制前的電信總局獨家經營，隨著技術與經濟的發展，電信市場自然獨占的特性逐漸消失。自民國八十五年起各項電信業務陸續開放，目前所有電信業務均已開放民間經營。在電信業務開放的過程中，以行動通信業務的開放效益最為顯著。

過去為語音、視訊、數據等各種不同需求所建置的網路（如電話網路、有線電視網路、電腦區域網路），因為數位化科技的快速發展，對於傳輸資料的種類已不再具有排他性，不論是語音、數據、影像，數位化之後都可以在相同的網路平台上傳輸。因此，通訊與傳播的界線已日趨模糊，產業匯流蔚為趨勢（行政院交通部等，2004）。

九、金融服務業[2]

金融機構是指從事金融服務業有關的金融中介機構，為金融體系的一部分，金融服務業包括銀行、證券、保險、信託、基金等行業，與此相應，金融中介機構也包括銀行、證券公司、保險公司、信託投資公司和基金管理公司等。

---

[2] 資料來源：http://zh.wikipedia.org/wiki/金融機構

現代金融服務業以集團方式多角化經營

(一)金融機構的功能

金融機構通常提供以下一種或多種金融服務：

1. 在市場上籌資從而獲得貨幣資金，將其改變並構建成不同種類的更易接受的金融資產，這類業務形成金融機構的負債和資產。這是金融機構的基本功能，行使這一功能的金融機構是最重要的金融機構類型。
2. 代表客戶交易金融資產，提供金融交易的結算服務。
3. 自營交易金融資產，滿足客戶對不同金融資產的需求。
4. 幫助客戶創造金融資產，並把這些金融資產出售給其他市場參與者。

5.為客戶提供投資建議,保管金融資產,管理客戶的投資組合。

上述第一種服務涉及金融機構接受存款的功能;第二和第三種服務是金融機構的經紀和交易功能;第四種服務被稱為承銷功能,提供承銷的金融機構一般也提供經紀或交易服務;第五種服務則屬於諮詢和信託功能。

(二)金融機構的基本類型

按照不同的標準,金融機構可劃分為不同的類型:

1.按照金融機構的管理地位,可劃分為金融監管機構與接受監管的金融企業。如中國人民銀行、銀行業監督管理委員會、中國保險監督管理委員會、證券監督管理委員會等是代表國家行使金融監管權力的機構,其他的所有銀行、證券公司和保險公司等金融企業都必須接受其監督和管理。

2.按照是否能夠接受公眾存款,可劃分為存款性金融機構與非存款性金融機構。存款性金融機構主要透過存款形式向公眾舉債而獲得其資金來源,如商業銀行、儲蓄貸款協會、合作儲蓄銀行和信用合作社等。非存款性金融機構則不得吸收公眾的儲蓄存款,如保險公司、信託金融機構、政策性銀行以及各類證券公司、財務公司等。

3.按照是否擔負國家政策性融資任務,可劃分為政策性金融機構和非政策性金融機構。政策性金融機構是指由政府投資創辦、按照政府意圖與計畫從事金融活動的機構;非政策性金融機構則不承擔國家的政策性融資任務。

4.按照是否屬於銀行系統,可劃分為銀行金融機構和非銀行金融機構;按照出資的國別屬性,又可劃分為內資金融機構、外資金融機構和合資金融機構;按照所屬的國家,還可劃分為本國

金融機構、外國金融機構和國際金融機構。

(三)金融機構主要的風險類型

1.市場風險：是指因市場波動而使得投資者不能獲得預期收益的風險，包括價格或利率、匯率因經濟原因而產生的不利波動。除股票、利率、匯率和商品價格的波動帶來的不利影響外，市場風險還包括融券成本風險、股息風險和關連風險。

2.信用風險：是指合約的一方不履行義務的可能性，包括貸款、掉期、期權及在結算過程中的交易對手違約帶來損失的風險。金融機構簽定貸款協議、場外交易合約和授信時，將面臨信用風險。透過風險管理控制以及要求對手保持足夠的抵押品、支付保證金和在合約中規定淨額結算條款等程序，可以最大限度降低信用風險。

3.操作風險：是指因交易或管理系統操作不當引致損失的風險，包括因公司內部失控而產生的風險。公司內部失控的表現包括，超過風險限額而未經察覺、越權交易、交易或後台部門的欺詐（包括帳簿和交易記錄不完整，缺乏基本的內部會計控制）、職員的不熟練和不穩定，以及易於進入的電腦系統等。

十、零售業

零售管理係指各種能夠增加產品及服務附加價值的商業活動，提供有形的商品或無形的服務，供個人或家庭消費之用。

(一)零售業之功能

1.零售業居於生產商及消費者之間，擔任媒介及分配的角色。
2.提供市場情報：陳列商品、展示、說明、分析消費者喜好。

3.商品分配：透過運送、儲存、分配，將生產的商品銷售至消費者。

4.售後服務：消費者購入商品後，零售商提供商品使用、修理、維護等售後服務。

5.商品開發：零售業直接接觸消費者，瞭解消費需要，反應客戶需求。

(二)零售業的特質

1.現金交易商品種類多，週轉率高。

2.直接與消費者接觸，座落地點關係重大。

3.營業時間長。

4.服務也是零售業附帶出售的商品。

(三)零售業類型

◆購物中心

滿足一般消費大眾購物、休閒活動的大型活動空間。最新的休閒購物中心已經將休閒事業包含在整體設計之中。

◆量販店

從製造商購入商品，再轉售予零售業者，為連結製造業與零售業之間的媒介；其主要透過交換過程，以提高顧客滿意程度和服務水準，並降低成本，增加市場競爭力，進而達成企業之利潤目標。台灣的量販店綜合國外大型超市與倉儲批發商店的特性，以大量採購、低價銷售方式經營，販賣食品與一般生活用品為主。

◆百貨公司

百貨公司提供多樣化的商品，由專業人士負責採購和銷售，以出租場地給專櫃收取租金為主要經營型態（90～95%），搭配少數自營

商品（5～10％），行銷商品包括服飾、家電、家庭用品、運動用品、流行精品和餐飲等中／高品質產品，並提供優良的服務，使商品能以較高價格賣出。

◆超級市場

超級市場的銷售商品以生鮮食品和家庭民生用品為主，鄰近住宅區，商店營業面積約為200～1,000坪左右，顧客層面以家庭主婦居多。

◆便利商店

鄰近住宅區或商業區，通常徒步一至三分鐘內可到達，營業時間長。受限於商店規模較小，販售有限的商品項目，商品以食品、菸酒、飲料、休閒書報、雜誌、繳款為主，以便利與優質服務滿足消費者為主要述求。

現代人對寵物的物質付出甚大，使得寵物超商應運而生

Chapter 3

服務的本質與特性

- ■ 第一節　服務的本質
- ■ 第二節　服務的特性

服務業可說是一種「觀察業」，因為服務業是察言觀色的行業，服務業乃在幫客人節省時間、解決需求、代替勞務的行業，所以服務精神高不高、服務技巧精不精，關鍵就在於是否有盡心盡力細膩地體會、瞭解客人的感覺與需求。因此，要做好服務業就必須先瞭解服務本質與服務特性。

第一節　服務的本質

　　服務，並不是單單只將產品提供給消費者而已，它涵蓋整體形象、價格、價值等要素在內，也就是提供消費者期待的整體活動行為而言。而這個整體行為是由一系列無形活動所組成之流程，此活動通常發生在顧客與提供服務之員工，或實體資源，或提供服務廠商之系統間的互動，此類活動的提供是作為顧客問題之解決方案。一位買化妝品的顧客，在購買前、購買中及購買後的每個階段的接觸活動，都

服務業是察言觀色的行業，乃在幫客人節省時間，更要盡心盡力
細膩地體會、瞭解客人的感覺與需求

會對賣方提供的服務有所期待，例如消費者會期待化妝品公司在百貨公司週年慶時也能有特別促銷或展示活動，在促銷活動的方式、試用解說等多樣的接待服務、有利的付款方式及贈品、售後指導保養方式或發表彩妝教學等服務都是服務的一環。

一、服務與服務業

一般常有人將服務與服務業混為一談，事實上不只服務業與服務有關，製造業、流通業也都需要服務，而服務業對生產、銷售、設施等也有重要的關鍵性存在。服務業並非僅與服務有關，故不應將服務與服務業畫上等號。服務業乃是以提供服務給需要者為主要業務的「事業體」（going concern），事業體包含從家庭到國家的所有社會體制（張健豪、袁淑娟，2002）。誠如第二章所言，在所有經濟活動中以服務的生產為主的產業基本上稱為服務業。

(一)服務的定義

何謂「服務」？王勇吉（1997）認為服務就是指：「以勞務來滿足消費者的需求，而不涉及商品的轉移，或商品雖有轉移但並非是其主要的作用者，皆為服務。」有人將服務的意義定為：「是個人為達成其各自的目的，透過有意識或潛意識的相互交流，所產生的現象。」國外學者Soloman, M. R.（1985）提到生產服務的最小單位是兩個人，期間的互動關係稱為「動態的人際互動」（Dynamic Human Interaction, DHI），這種以動態的人際互動的互動方式來生產服務，並於互動結束時，作相互的整體評價，也就是彼此間的印象觀感，就是服務的結論。

另外，Richard Norman（1984）也提到服務是直接發生於顧客與提供服務公司之間的社會行為。Christopher, H. Lovelock（1991）則認為服務是一種「過程」（process），或是一種「表現」（performance），而

不單單僅是「一件事」。曾光華（2007）則認為：「服務（service）是一種透過舉動（act）、程序（process）或活動（activity），以便為服務對象創造價值的無形產品（intangible product）。此服務的對象指的是具備某種服務需求的個人或團體，創造價值可以是為個人健康、安全、知識、情緒、外貌、生活、物品、資產等帶來效益。」聯邦快遞對服務的定義是：「服務就是消費者在購買過程中，接受到的所有行動與回饋。」由以上各個服務的定義來看，服務所涉及的並不只是服務業需要的活動或商品，幾乎是所有行業都須提供顧客的必要服務。難怪一些知名製造業企業家，也都曾經表示他們的企業不只是製造業，而是製造服務業。

(二)服務是一種商品

在前面我們提到服務整體行為是由一系列無形活動所組成之流程，服務提供的整個過程就像一部戲劇。劇場中所有工作人員、演員、負責道具的場記、執行製作、導播等就如服務業中的從業人員，編劇就如產品設計者或製造者（如餐飲業的廚師），看戲的觀眾就是顧客，製作人就是經理人或經營者。觀眾觀賞戲劇看到演員演技逼真、對白劇情安排精彩巧妙，就會令觀眾獲得歡笑與感動，然而要讓觀眾真正覺得值得一看，讚歎不止，就不是僅靠演技高超的演員就能完成，尚須有好的編劇將劇情巧思布局，配上無與倫比的對白，燈光、道具、音效等場務人員將場景妥善布置，再由導演統一指揮等才能完成整體效果，當然還有最基本的是要有製作人願意全力投入，如此才能完成觸動觀眾的大作。因此，劇場的上演就是服務的活動。

服務是一種商品，觀眾由觀賞戲劇得到感動、啟示；遊客到觀光地區旅遊增廣見識，充實知識；顧客到運動中心健身運動；到醫院看病；到戲院看電影；到KTV唱歌等等，這些都是消費者的消費行為，都可為消費者帶來身心的益處。當然，服務的對象基本上不只是在我們身心方面的活動而已，也能是對我們所擁有的財物產生附加價值的

活動，例如：銀行理專提供我們投資的諮詢服務、汽車保養場幫我們保養車子，提高性能確保安全、家庭幫傭到府整理家園及洗衣服務、請會計師幫忙作帳、聘請顧問師提供專業策略提升業績等活動也都是服務的範圍。

由以上的說明可看出服務是一項由個人或組織為對象，產生價值的活動，也就是服務會為個人或組織帶來具有價值的結果。到美容院為了染髮，增加時尚感；搭大眾交通工具到達目的地；這些對消費者都是有價值的結果，這些價值的結果就是透過染髮的活動、交通工具的移動這些活動所達成的，而消費者也為達到這些價值的結果，付出相對代價來完成，這就是購買所謂服務的商品。所以服務本身就是一種商品、一種活動機能。

(三)服務是一種體驗

對被服務的消費者而言，當服務活動的對象是顧客本身，而非顧客的財物時，服務就是一種體驗。因此，企業經營者思考如何提高服務品質的策略，就應該改變為如何讓顧客體驗的服務品質做到更滿意的主軸上，如此才能真正掌握提高服務品質的重點。

既然服務是體驗活動的過程，所以顧客對於服務的過程當然就認為絕對不應該有任何問題才對。尤其對於過去曾經有過的服務體驗，更是記憶猶新不該有任何問題出現才對，如果有些微的疏忽或怠慢，顧客是會立即察覺出來的，因此，業者絕對要維持既定的服務水準，如果品質下降顧客將會反感不悅。

例如我們平常喜歡去某家餐廳用餐，因為過去的經驗覺得該餐廳環境整潔明亮，領檯笑容可掬，服務人員機伶親切有禮貌，上菜時間恰到好處，因此，可以擁有一個愉快的用餐體驗。但是，如果有一次再度光臨時，發現門口有一堆菸蒂，領班態度冷淡，光是如此你可能就不想進去了。如果是進到餐廳，服務人員點餐招呼速度緩慢，或點菜後遲遲不上菜，或服務生只顧聊天也不倒開水，或鄰桌客人吵

鬧，或小朋友在店裡東奔西跑，如此用餐活動過程中，發生任何一點都會馬上引起顧客的反感及不滿，因為與他過去的體驗活動過程產生問題，就會讓顧客得到不滿意的經驗。此時即使菜色再好、價格再合理，也會讓客人在餐廳用餐的體驗品質降低，使客人無法得到滿足感。也就是說，餐廳如果要使用餐的體驗成為有價值的體驗，就要讓用餐的顧客覺得用餐時間過得很充實，所以餐廳業者要提升服務品質不是只將重點放在料理及價格上而已，料理及價格只是其中的元素之一，餐廳要透過各種不同的活動流程讓顧客有美好充實的用餐經驗，提供用餐的整體經驗就是顧客的體驗。

(四)隨附產品的服務

有些服務是隨附在產品上的服務，此類型服務要能夠讓顧客滿意必須涵蓋兩個元素，就是讓顧客有安全感及提升附加價值。

◆安全感

安全感就是消費者能夠對產品產生信賴、放心，顧客購買產品時，由購買前至購買後整體過程中需花費多少心血才能安心地購買，這過程當中顧客的心血包括金錢、時間和心力等。

在金錢方面可能計算的成本至少有：

1.實際的售價。
2.運送成本或前往購買的交通成本。
3.維修及保養成本。
4.安置的成本，例如汽車需要停車位。
5.無法使用時造成損失的機會成本，例如手機故障時錯失業務的即時訂單。

在時間和心力方面則涵蓋有：

1.比較產品技術。

完美 · 型 · 生活
HTC Rhyme

手機已是現代人的基本配備

2.理解產品的功能、操作與組成。

3.處理不要的現有相同品。

4.損壞時的維修成本。

5.送修時的運送成本。

6.研究產品如何發揮最大效能成本。

　　當手機故障的送修期間，如果業者能代為處理所有事宜，消費者就能免於操心，得到安全感，有問題發生時，也許只要撥一通電話就有專人服務解決困惑提供意見，消費者自然就會滿意。雖然消費者針對是否買得安心的要求程度不盡相同，如果業者在基本「安全感」上都做不好，就一定會被消費者抱怨。因此，在服務的策略上就是要讓消費者減少這兩方面產生的不必要花費。產品能夠讓顧客感到「安心」就是對消費者提供的最基本服務目標。

　　根據報導，2010年蘋果iPhone 4手機掀起搶購狂潮，上市後受到消

費者的喜愛，但蘋果公司全台竟沒有設立一間iPhone維修中心，手機若故障，一律送新加坡跨海維修，不但曠日廢時，還要承擔手機資料遺失的風險。根據iPhone手機維修程序，消費者在門市送修後，由聯強收件，再送到iPhone設於新加坡的維修中心，評估後再告知消費者可否維修、費用多少。如果同意費用，蘋果公司會給消費者一支「良機」（其他人送修後修好的手機），但拿不回原本手機，儲存在原本手機的檔案也會被銷毀。有位消費者氣得打算發起網路串聯，寫信向蘋果公司執行長賈伯斯「告御狀」（聯合報，2010）。

◆附加價值

產品除了性能、品質之外，消費者對於業者是否能夠提供附加價值，也是非常關心注意的。附加價值內容項目頗多，大部分會以產品強調的社會地位、品味形象為主軸。附加價值有些指的是財政上的支援。例如購買汽車時，為你的舊車轉賣中古車商或該車商回收，轉賣的金額作為購買新車之準備金；提供無息分期付款，減少利息支出等

智慧型手機提供無限的便利，能夠讓顧客感到「安心」就是對消費者提供的最基本服務目標

服務。另外，尚有些附加價值是產品銷售後的各項服務與支援。例如汽車保固期間免費保養、每期保養時間通知追蹤、故障修理更新等。這些附加價值也更能讓消費者得到安全感。除此之外，便利性、效率性也是附加價值的一部分，例如訂車時，試車的便利服務、車子配備的增減、交車的地點等。即使顧客要求客製化的服務也都能提供便利、迅速的服務，這就是附加價值所在。

所有服務業企業者需在配合主要商品品質政策上，決定隨附產品的服務以哪一項策略為優先考量，根據該項策略，提供顧客清楚的資訊，滿足顧客的需求。

(五)服務業與製造業的差異

由以上對服務與服務業的基本涵義之瞭解，產業會被納入服務業，最主要的核心產品不是在於萃取或處理天然資源、材料與零組件，而是透過某種舉動、程序或活動，為服務對象創造價值（例如為健康、安全、知識、情緒、外貌、財物等加分）。舉例而言，宅急便主要核心服務就是將顧客交寄的物品安全、準時送達收貨人手中，而不是販售收貨人想要的商品。然而，現今的製造業也將此服務業的核心商品歸入必要的顧客服務，為的就是能夠強化競爭優勢，難怪這些知名企業主管會自稱製造服務業。根據曾光華（2009）整理出服務業與製造業的比較表，能夠讓讀者更加清楚認識服務業（如**表3-1**）。

表3-1　製造業和服務業之比較

比較項目	製造業	服務業
有形物質實體產品	・為天然資源、材料加工或裝配，成品可再加工或轉售 ・處理有形物質為核心業務、利潤來源	・可能需要設施或儀器等以利於提供服務 ・實體產品並非服務，也無法取代服務
舉動／程序／活動	・通常會提供顧客服務，如諮詢、訓練、維修等	・除了顧客服務，還有由舉動、程序與活動構成的核心業務

資料來源：曾光華（2009），頁54。

二、服務系統

瞭解了服務的內涵後，可以得到一推斷即是大部分服務並不是僅止於一項單獨的程序或服務，涉及的元素有許多。例如，消費者到達新開幕百貨公司的最新日系服飾專賣場，想要購買一條牛仔褲，原本對價位及款式、質料都很滿意，但卻因新開幕店員動作不熟悉、效率很差而打消購買念頭；原本想利用新啓動的市民運動中心健身房跑步，最後卻因為旁邊另外兩台跑步機的客人，不斷地大聲講話聊天使得你無法輕鬆愉快的跑步，只好選擇離開現場。這些都可看出服務的元素與特質在服務業中的影響力。

學者Lovelock與Bateson等人（2002）提出服務系統的觀念。他們認為服務系統（service system）是由三大部分組成，包括：先前接觸點（pre-contact points）、前場（front stage）（公開的）、後場（back stage）（隱藏的）（如圖3-1）。

(一)先前接觸點

此部分乃是指顧客尚未進入消費場所之前，業者能夠與消費者接觸的機會點所在，也就是當消費者到達消費服務的場所之前，業者透過各種溝通管道或工具（廣告、公關、看板、電話、信件、口碑、DM）傳達商品、服務的訊息與特色等，以提高消費者購買或光顧的意願。例如，2010年統一阪急百貨公司開幕前，百貨公司引進主軸專櫃日本品牌UNIQLO，以嶄新的介紹呈現給消費者，藉此與消費者產生先前的接觸，透過消費者對UNIQLO在台登陸的訊息，在尚未開幕前就創造話題，到真正開幕時，成功地帶動消費者到統一阪急百貨公司光顧的人潮，同時創下亮麗的業績。

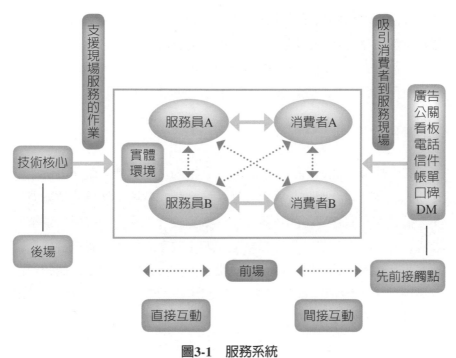

圖3-1 服務系統

資料來源：曾光華（2009），頁56。

(二)前場與後場

前場乃是指消費者公開面對消費者的服務作業而言；後場則是指消費者並未見到的隱性支援服務作業，主要任務就是提供技術核心，以便前場的服務人員能夠提供理想的服務。前場既然是與客戶服務的主要接觸工作，就必須做到讓消費者滿意的服務，然而前場的服務運作要能夠順利進行，仍須仰賴後場的支援，才能讓前場的服務工作者為消費者提供理想滿意的服務。例如：顧客到餐廳吃飯，看到前場服務人員親切的服務，問候、倒水、點菜，等到菜餚上桌，如果沒有廚師在後場盡心盡力的付出，嚴選食材，料理美味佳餚及完美的擺盤，消費者將無法得到滿意的服務，顧客雖看不到過程，但可以吃出結

果。因此，後場的品質往往影響著消費者對整體服務表現的評價，消費者雖然不見得會和後場人員直接接觸，瞭解他們的辛勞，因此可能看不見後場管理，但看得見與感受到後場管理的結果，所以他們所提供的服務好壞也是消費者對是否要再度光臨的關鍵要素。

(三)實體環境

實體環境（physical environment）指的是消費者與服務人員產生互動的區域。包含服務設施與設備（如家具的款式、櫃檯的位置與設計、植栽的布置、建築的特色等）、軟體設計（燈光的選擇、氣氛的營造、音樂的搭配等）和現場標示（如化妝室的指標、餐廳特色介紹的海報）等等。每一因素都會影響服務人員與顧客的情緒、認知與行為。因此，周遭情境實體空間、功能標誌、裝飾都需要精心考量規劃、設計與管理。

顧客到餐廳吃飯等待服務人員帶位，前場服務人員親切的服務即是前場的接觸過程

(四)直接互動與間接互動

　　服務人員與顧客的互動類別可分為「直接互動」（direct interaction）與「間接互動」（indirect interaction）。直接互動乃是在服務的過程中，特定服務人員為了提供服務給顧客而帶來的雙方互動，因而會產生問候、交談、甚至肢體接觸等行為。間接互動則是發生在特定顧客與其他服務人員及顧客彼此之間的互動。在間接互動中，雖然沒有直接面對面交流，但是仍會影響到消費者的情緒。例如，當消費者進到一家高級餐廳吃飯，正當上菜後要進食時發現，隔壁桌的顧客帶寵物在現場，雖然並未與隔壁桌的寵物有任何直接交流，但對不喜歡寵物的消費者而言，餐廳是進食的場所，若有寵物在一旁，可能會影響食慾，也同時影響消費者下次是否願意再光臨該餐廳的考量之一。因此，企業應該讓服務人員與顧客的腦海中有正確的劇本，扮演好各自的角色，以免在互動中產生尷尬或衝突，也就是雙

記分板的標誌功能是體育館內舉行球賽不可或缺的訊息來源，正是服務系統中實體環境的要點

方應有正確且可以遵照的言行準則。

 ## 第二節　服務的特性

服務是由人執行的工作，不同於貨物是由機器製造出來的，所以業界提供相同的功能性服務，得到顧客的回應卻是常常有變化，顧客接受這次的服務是滿意的，並不代表下一次也一定會滿意，業者對提供的產品必須時時刻刻因應社會大眾之需。

Parasuraman、Zeithaml與Berry（1985）描述了服務所擁有的四個重要特性，分別為無形性（intangibility）、不可分割性（inseparability）、異質性（heterogeneity）、易逝性（perishability），而這些服務的特性對於服務品質所衍生的影響，以及消費者行為、態度、行銷等管理上的意涵，首先用一份簡表（如**表3-2**）說明如下，接著用一個簡單的案例來說明服務的特徵意義。

表3-2　服務的特徵意義

服務特徵	服務品質的問題	消費者意涵
無形性	眼睛看不到，服務難評估 服務用感覺，溝通難有效 消費在進步，創新能突破	服務由無形變有形才能量化 提供親身體驗變成記憶 持續性開發創新獨特服務
不可分割性	服務在同時，品質難檢驗 消費個性化，服務一起來 服務難庫存，環境影響大	管理好負面的服務 提供參與性獨特性服務 提升第一線服務水準
異質性	品質不穩定，三角關係大 服務傳遞難，效率難提升 環境變化大，信心難建立	加強教育訓練學習計畫 製作具備地緣性標準作業 深化品牌的消費體驗
易逝性	服務難儲存，消費無信心 服務難預測，供需落差大 服務難標準，抱怨無形化	提升企業與人的服務品質 以價制量或以量制價 建構服務復原機制

　　製造業是一以原物料在工廠大量生產顧客需求的產品而運作的組織；但服務業的消費是顧客與人、顧客與設施、人與組織，最後則是顧客與組織的整合型服務運作，這可從**圖3-2**有關服務無形性、不可分割性、異質性和易逝性看出不同的特徵都需服膺服務品質的作業論述。

　　服務業出售的產品之所以會造成顧客在判斷服務的好壞有著很大的差異，根據楊錦洲（2001）歸納出服務業基本上具有以下十二項特性：

1.服務業產品大部分是無形的。

2.服務產品變化大，難以有標準化。

3.產品無法儲存。

4.服務人員和顧客接觸性很高。

5.服務產品提供時須顧客參與。

6.服務業是勞力密集的行業。

7.服務無法大量生產。

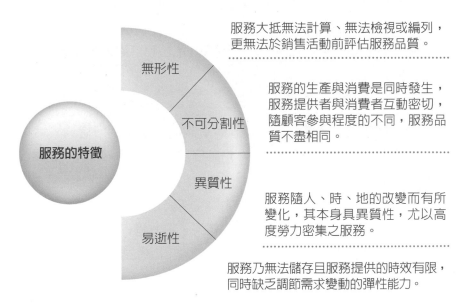

服務大抵無法計算、無法檢視或編列，更無法於銷售活動前評估服務品質。

服務的生產與消費是同時發生，服務提供者與消費者互動密切，隨顧客參與程度的不同，服務品質不盡相同。

服務隨人、時、地的改變而有所變化，其本身具異質性，尤以高度勞力密集之服務。

服務乃無法儲存且服務提供的時效有限，同時缺乏調節需求變動的彈性能力。

圖3-2　服務的特徵

8.服務品質受人的影響很大。

9.服務品質難以控制。

10.服務績效難以評估。

11.服務有尖峰、離峰的時間性特質。

12.部分服務業進入的門檻低。

根據以上的特性及前一節由服務與服務業的認識，以及服務的系統之說明，可歸納出服務具有以下幾個主要的特性。

一、無形性

大部分有形的貨物，購買時多半可以得到實體的物品，而服務是一種活動或程序，並不具備物理上形體，這些行業呈現出的產品是看不見、聽不到、摸不到、也無法衡量的，須由觀察被服務者的反應，去體會服務優劣，才能使消費者滿足，例如經驗、信賴、安全、感覺等字眼就是由此特性產生的。

服務業在無形性這方面的特性所呈現出的服務可細分為三種類型：

(一)完全無形服務

例如醫生為患者做診斷，或者所看到的只是醫生所做的一些瑣事，如請病人張開嘴巴檢查喉嚨、用聽筒聽聽病人呼吸心跳、問一些問題、開醫藥處方等。在這過程中患者付的診察費，不是來看醫生做這些表演，而是購買醫生問診過程中醫生所應用的專業知識，提供病人正確治療用藥程序，以得到健康的結果，這些過程全是無形的。其他尚有教育、諮詢、博物館、保全、職業介紹皆屬之。

(二)附加於有形商品服務

例如洗衣店收取你的髒衣服，為衣服作記錄、清洗整燙，顧客付

帳拿回整齊清潔的衣服，業者提供處理的就是附加於有形商品服務。其他如手機維修、裝潢、廣告、保險等均是。

(三)讓消費者得到有形商品的服務

例如融資業者提供顧客貸款，幫顧客辦理申請手續、協助顧客徵信等，經過這些服務過程順利讓顧客得到金錢，就是屬於讓消費者得到有形商品的服務。其他如倉儲、郵購、運輸、零售等。

以上無論是哪一類型的服務，這些服務都並非固定形體，不能擺設在架上供人觀賞評論、觸摸質感或試用看看，都是在當下的整體感覺來斷定服務的優劣。因此，「無形的」這種特性，無論對消費者或行銷人員而言都會產生一些現象或問題。由消費者角度而言，容易使消費者產生對產品的不確定性、不容易相信與依賴服務業者；由行銷角度方面來看，也會因為此種特性，導致難以將服務特色與利益順利傳達，也很難提出有力的依據加以衡量產品訂價，無形的商品當然就更加不容易申請服務的專利，所以就容易被競爭者模仿複製改造創意。因此，要克服這些現象或問題，服務業者在行銷手法上必須做到將服務無形性以具體化、有形化的呈現，並建立消費者的信賴感，同時持續不斷地創新，減低被模仿帶來的影響，更重要是需深化消費者體驗的感受。例如：飯店業者對於事先訂房的顧客，在其進入房間時，在桌上已擺放一封歡迎信，信內顧客大名用燙金的方式打印上去，以此表示對客人的重視，這是傳達以客為尊的理念具體化的表現。

二、不可分割性

無形的服務類商品只存在於買方與賣方之間的互動，經驗的發生與人們的體驗是同時並存的，兩者密不可分。服務無法先在某處製

造出來，然後在其他時間再運送至他處供顧客消費，唯有在消費者進行銷費的情況下，服務業之生財器具才派得上用場。所以，銷售服務性商品是直接的，銷售員與顧客間沒有媒介，無法囤積，此特性導致之結果為，購買服務性商品無法試用。服務的生產與消費同時發生的情況，例如：教學發生在學生與教師之間的互動，老師教導（服務產品生產）與學生學習（消費）是同時發生，沒有學習就無法教導，所以學校以事先選課系統，來決定是否有消費者，才決定是否生產這堂課的服務，這就是在消費行為條件下生產才有存在的價值。其他如醫療、洗頭、美容等，顧客和服務人員必須同時在現場。當然，由於現代化科技的進步也有些例外，如網路線上教學服務，但這類服務的服務標的物非顧客本身。而這個特性衍生現象或問題在於消費者參與，也就是消費者必須提供資訊、時間、精力等，來參與服務，消費者曝露在整個服務過程中，而過程中有許多因素會影響消費者的心理與行為，服務必須在現場即時提供，且顧客對等待缺乏耐心。常見影響消費者的心理與行為的因素來源包含：

1. 實體環境：服務場所中的各項設備、燈光、音樂、標示、空調、裝飾氣氛等。
2. 服務人員：心情、服飾、態度、速度、言行舉止等。
3. 服務程序：方便順暢、效率、動線合理等。

若要克服這些問題，在行銷方面上需協助消費者參與，讓消費者瞭解正確的服務流程與恰當的行為，同時管理所有服務過程中會影響消費者反應的因素（如實體環境、服務人員、服務程序），注重服務效率以避免延誤，並且授權賦予員工在第一線處理突發狀況的權力，以減少發生延誤的機率和解決問題。

實體環境涵蓋各項設備、燈光、音樂、標示、空調、裝飾氣氛

三、異質性

　　由人類製造消費之服務性商品，都無法維持一定品質，故難達到標準化，同時顧客需求是因人而異，因此服務結果多樣化、品質不穩定。品質不穩定原因來自以下三方面：

　　1.服務環境：聲響、溫濕度、衛生條件。
　　2.服務人員：心情、專業訓練、工作態度。
　　3.顧客：多元需求、態度、言行、相關知識。

　　因此衍生的問題，乃是消費者難以維持對服務業者的信心，而業者也須面對「一粒老鼠屎壞了一鍋粥」效應。服務業為達品質一致性，需減少過程中人為因素情況，或許會有所改善。要減少這方面的問題則需由用人開始著手，也就是選用適當的人員，擺在正確的位置，訓練管理與獎勵服務人員做對的事，並且做到服務標準化、自動

化的標準。在服務業中目前可以看到採用電子檢驗儀器設備、自動點菜系統、全球自動定位系統等，無非是為了確保服務過程標準化，使服務品質維持一致性所做的補強與努力。當然業者為了解決異質性衍生的現象，也都會不斷地對員工進行教育訓練，同時對目標市場顧客的消費者行為進行瞭解，以滿足顧客多元的需求。

四、易逝性

　　服務無法保存，許多服務無法保存下來挪到其他時段使用，旅遊平日淡季時空房一堆閒置，旺季時旅館房間卻一房難求，這就是最佳寫照。同樣的，飛機上的座位、船上的空間、診所的設備、美容院的時段等，服務一旦未被利用即消逝價值，無法失而復得，因此損失的收入也無法彌補。因此，服務業首重提供服務的能力，不是產量多寡。由於服務業需在顧客願意上門的情形之下，服務的能力才能發揮出來，也就是前面提到的不可分割的特性，而易逝性此一特性，同樣

旅遊旺季時機位一位難求，但因易逝的特性，機場作業顯得更加繁忙

也造成一些問題，如服務不能回收、退還，因此供需的不平衡帶來的顧客抱怨或企業資源浪費等。要克服此問題，業者須努力確保服務能夠持續得到消費者的青睞，針對不良服務做補救或補償，同時要能維持平衡供給與需求。

在維持平衡供給與需求方面，最常見到的解決方式為增加產能或開發需求及以價制量，也就是當需求量增加時，如果屬於產能可由業者控制的，即會提高產能以因應市場需求，若產能屬業者無法控制改變的，就會採取以價制量，降低需求方式因應。例如：春節期間旅客利用搭火車運輸返鄉過節的需求大增，鐵路局則以加掛車廂或增加班次提高產能的方式加以因應需求。而民宿業者由於產能固定，因此在提供住房價格上，在春節就會採漲價的方式降低需求。若市場需求降低時，為了減少資源浪費，如果屬於產能可由業者控制的，就會採減少產量降低成本方式應對，若產能屬業者無法控制改變的，則降價刺激增加需求，或是利用行銷策略增加新目標市場。

五、擁有權

服務具無形的特性，是附加於有形財貨之上，其財貨所有權並不會因服務買賣事實而轉移至消費者手中，消費者只是享有權力，享受某部分利益。例如，到旅館住宿的房間，只是能夠暫時使用房間內一切設施，讓消費者覺得方便、舒適，但這房間的所有權仍屬業者擁有，並不會因為消費者住宿後就取得此房間的擁有權（ownership）。

六、市場門檻

所謂「市場門檻」，指的是對於想要進入產業的新競爭者對目前現有市場結構產生望之卻步的障礙。而這些障礙愈多，進入的新競爭者就越多顧慮，相對已在市場的業者在市場的競爭就較有勝算。一般

市場的門檻有五大部分，以製造業來看，五大門檻如下：

1. 成本：新進入者平均成本較高。
2. 創業初期所需資金：視不同行業有所不同。
3. 規模：新進入者須生產足以供應整個市場的商品，才能維持競爭力，通常跨國公司較具有此項能力。
4. 產品區隔性：不同族群需不同專業化商品。
5. 合法性：專利權、經銷權、執照等相關法規的問題。

　　服務業是以人為本的行業，因此門檻相較之下較低。也就是代表要進入服務業爭奪這塊大餅的競爭者會較多。例如，餐飲小吃業需要的資金較低，販賣食品成本也相對與原有競爭者差距不大，規模通常較小，產品區隔較不明顯，合法性上只要申請營業登記，符合餐飲衛生安全規定等即可開業。因此，到處都可看到小吃攤位一堆。

　　綜合以上服務的基本特性與共同特性，可由**表3-3**清楚的對服務與實體商品做一個明顯的比較。

表3-3　服務與實體商品差異比較

實體商品	服務
有形	無形
同質	異質
生產配送消費分開	生產配送消費同時發生之流程
物品	活動或流程
核心價值在工廠產製	買賣之間互動產製
顧客無參與生產流程	顧客參與生產流程
可庫存	無法庫存
所有權可轉讓	所有權無法轉讓
可取得專利權	無法取得專利權
市場門檻高	市場門檻較低
提供樣品	無法提供樣品
人製造出來	人表現出來

Chapter 4

服務業消費者行為

- 第一節　消費者行為
- 第二節　消費者購買歷程
- 第三節　消費者購買中行動

前　言

　　服務業可說是一種「觀察業」，所有工作人員隨時都要能夠對顧客的各種行為察言觀色。因此，業者在行銷策略上都需掌握市場環境狀況，進而對未來發展趨勢的預測。想要瞭解顧客購買動機、考量因素，消費者行為的研究更是最常見的一項調查依據。一般影響消費者購買行為的主要因素來自文化因素，如主文化、次文化、社會階層；社會因素，如參考群體、家庭、角色及地位；個人因素，如年齡與生命週期、職業、經濟狀況、生活型態、個性與自我觀念；以及心理因素，如動機、知覺、學習、信念、態度等。因此，要瞭解消費者購買動機就須由消費者購買歷程先著手，進而瞭解消費過程中各階段考量因素，如此才能在提供服務商品的各個環節上，提供符合消費者的需求與期望，提高消費者的滿意度，達到進行消費的行動。

第一節　消費者行為

　　服務業既然是一種察言觀色的行業，要進行消費者行為的研究，就要先瞭解什麼是消費者行為。消費者行為的產生來自消費者的需求，就如全身疲勞痠痛有放鬆紓解的需求，有人就會有泡湯放鬆消除疲勞的需求產生，但也有人想到的是需要找人來幫忙按摩指壓舒緩痠痛；肚子餓了有需要食物的需求，有些人只需要兩片麵包就解決而滿足了，但也有人必須到豪華大餐廳吃最可口的佳餚才能滿足。最主要是每個人有不同的需求，而需求並非一成不變，需求會隨每個人的時間、空間、現況等等因素而產生不同的需求，因此，消費者行為是極為複雜的過程。何謂「消費者行為」？根據美國行銷學會描述，可由廣義及狹義的定義兩方面來說明。

一、消費者行為定義

(一)廣義的定義

　　廣義的定義含括所有交換活動：消費者在日常生活中進行交換活動時，所產生的情感與認知、行為與環境事件之動態性互動。

(二)狹義的定義

　　狹義的定義聚焦在消費行為：消費者在評估、取得、使用與處置產品與服務時，所投入的決策過程與形體活動。

二、消費者行為特性

　　由以上之定義，進一步說明消費者行為具有的特性如下：

(一)動態性

　　消費者行為是不斷地變動與演化，也就是代表隨著時代、環境的變遷，消費者的行為敘述與內涵也會隨之改變。

(二)互動性

　　消費者行為由心智活動、情感聯想與決策活動串聯而成。所以業者必須瞭解消費者想什麼、有什麼感覺、做什麼、什麼會影響消費者的這些行為。而這些情感心智基本上是互動的影響決策行為。

(三)交換性

消費者行為含交易關係與交換關係。這些消費者與廠商交易或消費者與消費者交換的過程，若是一般涉及財務、勞務、時間等成本的交換，則是一種正式交換關係；若是不涉及財務，以物品或關係、情感之交換，例如社群會員間以物易物，朋友或同事、同學之間送禮行為，這些就屬於不正式的交換關係。每種行為都有不同的動機，企業必須瞭解無論哪種交換活動中，消費者的動機與目的為何。

三、消費意義

消費意義一部分來自消費者對於產品或品牌之依賴與情感連結，根據廖淑伶（2008）所述，消費對個人的象徵性與個人化的意義，即所謂的消費意義。對消費者而言，品牌透過實務價值與地位的象徵性價值，讓消費者與品牌緊密相連，並對品牌形成依附的關係，而品牌的使用則提供深入的經驗。例如，名筆不限於實用性，還包括地位象徵之尊榮性。

(一)消費與情感依附

消費者長期使用的品牌，對該品牌容易產生的各種情感依附如下：

1.自我概念的依附：產品協助消費者建立自我身分與認同。例如，貴婦百貨名品公司下午茶往往是代表上流社會身分與地位的象徵，對許多名人消費者有強烈的自我概念或情感的依附。

許多上流社會名人對品牌有強烈自我概念或情感的依附

2.懷舊依附：產品作為消費者與過往記憶及過去的我之連結。

3.日常依附：產品是消費者每日生活中不可或缺的一部分。

懷舊地點讓消費者尋回童年記憶

便利商店是很多人每日必光臨的商店

4.情感依附：產品喚起消費者個人的各種情感與感覺，如愛、溫
暖、浪漫等。

(二)消費的經驗特性

服務業消費者行為並不是單純使用服務商品或購買相關商品而
已，在服務的特性中我們曾經提到服務的無形性，更說明服務消費行
為是一項體驗的過程。消費者依個人的偏好對不同服務的消費事物，
投入不同程度的參與，扮演不同的角色。廖淑伶（2008）除了曾就藝
術觀賞活動的角度說明消費的經驗特性外，對運動觀賞的角度也能符
合此角度來說明消費的經驗特性。

◆消費是一種經驗

當消費者進入世界花卉博覽會會場參觀時，從會場的陳列、布
置、志工解說、建築與室內裝潢、花卉的本身特色與代表的意涵感受
等，都是一連串的體驗經驗過程。就連排隊領取展館參觀券再入場的

巧克力總是帶給情人甜蜜的感覺

經驗，或是現場看亞運棒球比賽，嘶聲吶喊加油的臨場體驗感等，都是一種經驗。

◆消費是一種整合

消費者看亞運棒球比賽時，將自己融入整合於球賽中，猶如自己就是選手甚至比選手更緊張、更激動；參觀花博會夢想館時，將自己融入未來的先進氣氛內，讓自己整合進創作者的意境氛圍中。

◆消費是一種分類

參觀不同的展覽，以及長期投入某項藝術觀賞活動的程度不同，可將消費者動機與涉入加以區分。有些偏愛古物名畫，有些熱衷於花草、雕塑品。觀賞運動競賽有些是狂熱的球迷，有些則是選擇性的插花者，有時會自然形成或加入不同球隊的社群，這些都是說明消費者的不同類型會有消費的類別。

◆消費是一種情境扮演

參觀花卉博覽會時，不同的參觀者同時出現在現場，有的是好奇前往觀賞新聞報導的特殊蔬荣扮演驗證者，有人扮演欣賞者，有人則扮演教學者，有人則扮演研討者；而觀賞球賽現場，同樣有不同觀賞者同時出現，有人扮演啦啦隊，有人扮演球評，有的人純欣賞，有的人扮演球探等等。這些消費者各自依自設的情境扮演自己的角色，有時還會在現場或事後在網路上分享彼此的想法與心得，分享交流。

第二節　消費者購買歷程

顧客花錢消費乃為了滿足需求，當開始購買之前消費者需先知道自己要滿足的需求為何，同時要有滿足需求的欲望，才進而尋求足以滿足需求的商品。因此，為了達到目的會進行蒐集相關商品的資料，並且做一比較，才從中做出最佳的選擇。由此可見，購買行為的決定

大致上應該是理性的，有一定基本程序的過程。

一、購買決策制定過程

消費者購買過程大致上可分為三階段（如圖**4-1**），然而消費者購買過程是服務業行銷人員注意的焦點，消費者過程每個階段各有其重要議題。

(一)購買之前

消費者購買行動主要用以解決問題，滿足生活所需。當消費者察覺購買需要，即為消費者行為之起始點。購買之前消費者通常會發生的過程包含發現問題、搜尋資訊、決策評估與選擇產品。因此，服務業者要瞭解服務消費者尋求什麼利益？服務消費者如何蒐集資訊與評估方案？消費者的服務期望如何形成？受到什麼因素影響？

(二)購買中

消費者購買過程中所遭遇的交易與消費經驗。整體經驗包括商店

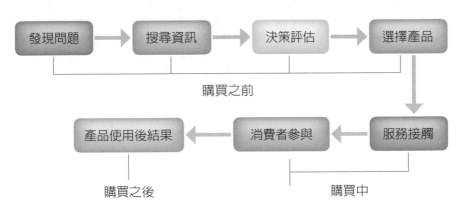

圖4-1　購買決策制定過程

資料來源：曾光華（2011），《服務業行銷與管理——品質提升與價值創造》，頁93。

內商品之呈現與陳列、賣場的規劃與指引、服務人員的態度與專業、感官體驗、與賣家的信用等。因此，業者須瞭解服務接觸有什麼特性，對消費者行為造成什麼影響？以及消費者參與有什麼特性？對消費者行為造成什麼影響？

(三)購買之後

產品使用後結果有什麼特性？涉及消費者對於產品與服務表現的評價，影響再購意願甚鉅。從消費者的觀點而言，購後反應之呈現方式、如何處置購後的產品、產品是否具有再售與再利用的價值，為重要議題。對於行銷者而言，購後階段宜檢視消費者滿意度、著手進行售後服務。

二、購買決策類型

消費者購買決策包含的項目，首先面臨的就是購買哪一種商品（what）？接下來就是繼續進行誰去買（who）？為什麼要買（why）？什麼時候購買（when）？到哪去買得到（where）？怎麼買（how）？多久購買一次（how often）？使用頻率多不多（use）？這是一連串的購買決策任務。消費者因為生理或是心理而產生的基本需求，找出一項利基或利益，展開購買的意願，產生消費者為何而買及購買什麼的決策，然而消費者的特性將會決定消費傾向，進行誰會去買，例如，以大掃除時消費者想要輕鬆的完成要購買哪一種商品（what）？到府幫傭打掃服務，要選擇哪一個單位？為什麼要選擇這一家呢（why）？因為較便宜服務又好或是距離近比較方便，就是針對這一項利基的選擇。

消費者決策過程之複雜程度會因購買的類型不同而定。一般而言，日常生活的高頻率用品決策過程簡易，但當需購買耐久性考量因

素時就會比較複雜。根據廖淑伶（2008）所言，消費者購買決策乃是問題解決的過程，因涉及決策困難度與決策特性不同可分三種決策類型（如**表4-1**）。

(一)例行性問題解決

消費者所需購買的服務商家為過去曾經購買的商家時，通常比較不需搜尋資訊，很快就進行決策。例如平常假日不想煮飯，想要去餐館用餐，如果居家旁就有一家過去曾去過的餐館，購買決策就會以習慣性、自動、不加思索方式呈現。

(二)有限性問題解決

消費者在熟悉的服務產品類別中，如要購買新的服務商家時，通常會經過一些時間蒐集資料加以選擇，搜尋的資料通常也並非很大量，因為這類商品消費者通常有一定的常識，例如要去旅遊選擇飯店或旅行社等。這類購買的決策類型，在蒐集資料時常會受廣告吸引而想購買新的品牌，此乃屬於半自動問題察覺的決策類型。

表4-1　購買決策類型特性

決策特性	例行性問題解決	有限性問題解決	廣泛性問題解決
產品特性	低價	居中	高價
產品／品牌熟悉度	高	中	低
購買頻率	經常	居中	不常
採購涉入程度	低	中	高
問題察覺	自動	半自動	複雜
資訊搜尋與評估	極少	有限	廣泛
採購導向	方便	介於便利與選購	選購
購後過程	非常有限	有限	複雜
	習慣	再購惰性	滿意／忠誠
	品牌忠誠	不滿意／品牌轉換	不滿意／抱怨

資料來源：廖淑伶（2008），頁270。

(三)廣泛性問題解決

消費者如果要購買的產品是不熟悉或高風險的產品類別時，因為對產品不熟悉所以較無決策的信心，就會廣泛的搜尋資訊，並花很多時間考量各種因素加以評估，再做選擇，形成複雜性的決策類型。例如購買分時渡假村會員商品或金融服務商品。

三、消費者之購買動機

消費者購買之前的決策始於動機，而動機來自兩方面的刺激，一為內在刺激，此乃是發自於本身生理與心理上的需要，另一為外在刺激，來自各式各樣的行銷活動，而消費者購買動機的本質乃是尋求消費利益。

在尋求消費利益的同時也會產生知覺風險（perceived risk），擔心購買或消費之後，會招致某種損失或傷害的不安心理，購買結果越

櫥窗內的各式蛋糕引起消費者購買動機

不確定，負面結果越嚴重，則知覺風險越高，消費利益與知覺風險是一體兩面。以下就其消費利益與知覺風險作一比較。

(一)消費利益

1. 功能利益：指的是此服務預期提供最基本的好處。例如，航空公司是否安全準時讓乘客到達目的地；飯店是否提供乾淨安全的客房等。
2. 心理利益：預期此服務可促進個人的心情或情緒的好處。例如，高級餐廳的布置與服務令人愉悅的享受；美姿美儀課程讓人充滿自信心。
3. 社會利益：預期此服務增進社交人際或家庭關係。例如，參加童軍家庭大露營增進家庭關係與社交關係；中秋節社區共同烤肉活動認識鄰居，促進社區人群關係。
4. 財務利益：預期此服務能夠帶來金錢節省、提高收入或增加財產的利益。例如，購買銀行理財產品可增加收入。
5. 時間利益：預期此服務能夠幫助節省時間或讓時間應用更有效率的利益。例如，到駕駛訓練補習班學開車可快速考取駕照；到ATM轉帳可節省時間。
6. 實體利益：預期此服務能夠為身體健康、生命或物品帶來安全保障的利益。例如，參加運動俱樂部課程訓練帶來身體的健康；貴重物品存放銀行保險箱帶來安全保障。

(二)知覺風險

1. 功能風險：服務提供最基本的好處沒有發揮，服務是否可提供基本的預期好處。例如，擔心客運會不會在高速公路上塞車，而且司機駕駛狀況會不會安全。
2. 心理風險：接受服務卻帶來負面情緒，如不安、挫折等情緒。

例如，花博遊樂區會不會因為志工態度不佳，讓遊客掃興。

3. 社會風險：服務反而破壞人際社交或家庭關係。例如，中秋節社區共同烤肉活動，會不會因食材分配不公、活動設計不佳造成鄰居們爭執反而破壞人際關係。

4. 財務風險：服務導致金錢或財產的損失，購買此產品是否划算。擔心銀行管理不當，放款浮濫，導致擠兌關門命運，存戶權益會不會因而受損。

5. 時間風險：服務導致浪費時間或時間應用無效率，會不會占據太多的時間。例如，擔心遊樂園售票口動線不佳及窗口太少，會不會使消費者浪費在排隊購票的時間上。

6. 實體風險：服務會不會造成生命健康傷害或物品損壞不安全等顧慮。例如，擔心美容整形診所醫術能力是否會帶來後遺症。

四、資訊搜尋

根據廖淑伶（2008）的說法，所謂資訊搜尋乃是指，「消費者為能進行購買決策的制定以達到決策目標所從事的心智與形體的資訊搜尋活動，包括搜尋產品、價格或商店等活動。」資訊搜尋活動類型，可分為持續性的時間或搜尋方向，分為購買前搜尋與持續性搜尋、內在搜尋與外在搜尋。

1. 購買前搜尋：有助於增加消費者對市場知識與產品的認識，對於促進購買可找到較好的決策，同時也比較容易產生較佳的購後反應。

2. 持續性搜尋：平日累積的市場及產品的知識，可提升消費者對購買的決策效率及影響力。

3. 內在搜尋：是消費者回憶過去購買的經驗及情境的記憶過程。

4. 外在搜尋：由個人的記憶以外尋求的資訊過程。主要來源包含

親人、朋友、銷售員、廣告宣傳、網際網路、展示說明、報章雜誌報導等。主要來源可分一由廠商主導的來源，如廣告宣傳、產品介紹、包裝說明、銷售人員推薦等。另一主要來源來自消費者，如親友意見、口碑等。尚有一來源來自公眾單位報導或報告，如新聞媒體報導、消費者基金會公布評比等。

(一)搜尋之資訊類型與搜尋量

消費者對於資訊搜尋的類型如下：

1. 有關產品及服務來源與可得性的資訊：例如到哪裡可以找到好玩的主題樂園？何處的民宿服務較好？
2. 有關產品評估標準的資訊：例如要如何判斷鑽石的真假？要如何挑選適當的婚宴顧問公司？
3. 有關產品特性與利益的資訊：例如不同品牌機型的電腦具有哪些功能、價格？

(二)影響消費者外在資訊搜尋量的因素

廖淑伶（2008）同時表示資訊類型的蒐集視消費者的知識而定，如果消費者知識不足，前述三種類型的資訊搜尋都很重要，故搜尋的數量就會有所不同。通常會影響消費者外在資訊搜尋的因素包含有市場因素、情境因素、產品重要性、零售因素、消費者個人知識與經驗、消費者個人差異性、知覺風險等。**表4-2**是資訊搜尋量決定因素與資訊搜尋量之整理說明。

表4-2 資訊搜尋量決定因素

資訊搜尋量決定因素（＋）		資訊搜尋量（＋）/（－）
市場環境因素	方案數目	＋
	方案複雜度	＋
	方案行銷組合	＋
	市場上新方案	－
	資訊可得性	＋
	市場區域大小	＋
潛在結果與產品重要性因素	價格	＋
	社會能見度	＋
	知覺風險	＋
	方案之間差異	＋
	重要屬性數目	＋
	產品種類之重要性	＋
	決策活動層級（家庭、組織或社會團體）	＋
零售因素	商店擁擠程度	－
	商店之間距離	－
	商店相似度	－
	商店滿意度、忠誠度、偏好	－
情境因素	時間壓力	－
	社會壓力（家庭、同儕、上級）	＋
	財務壓力	＋
	組織程序	＋
	身體與心理狀況	＋
	接近資訊來源容易度	＋
知識與經驗因素	腦中儲存知識量	－
	產品使用率	－
	先前資訊	－
	品牌滿意度、忠誠度、偏好	－
個人差異因素	資訊處理能力	＋
	訓練	＋
	購物樂趣	＋
	涉入程度	＋

（續）表4-2　資訊搜尋量決定因素

資訊搜尋量決定因素（＋）		資訊搜尋量（＋）/（－）
人口統計因素	年齡	－
	收入	＋
	教育程度	＋
	白領職業	＋
個性、生活形態因素	自信心	＋
	心胸開放度	＋
	需要刺激與多樣性程度	＋

註：「＋」表程度越高，「－」表程度越低。
資料來源：廖淑伶（2008），頁279。

第三節　消費者購買中行動

當消費者進入購買當中的階段時，就會產生與服務接觸（service encounter）。接觸的服務當然包含與服務的員工及設施、實體的商店環境、作業的流程等互動關係，所以服務接觸是服務業產生顧客體驗服務好壞重要的來源。

一、服務接觸

服務接觸指的是當顧客直接與企業提供的各種具體服務接觸的狀態。例如想要去聽一場演唱會，首先會上網查詢演唱會時間、地點與售票狀況，到演唱會當天若未買預售票，還需到售票口排隊買票，到了入口還要讓守門的收票服務員驗票，入場後受到演唱者的帶動，情緒高昂high到最高點的互動接觸，直到演唱會結束還會有引導散場人員，指示方向離開以免推擠。這一連串的過程就發生了與組織人員至少四種接觸，若非現場買票，而是採便利商店機器自動售票取票，則

顧客與組織接觸就變成三種人員與一次設施接觸。

　　由此可見，服務接觸的對象基本上可區分為三種：

(一)以設施為主的服務

　　設施平時的保養維修及現場運作的狀態相當重要，隨時都要保持最佳狀態，例如汽車旅館消費者接觸到的主要是房間，所以與設施接觸程度很高，所以需給予客製化或消費者多種選擇，以達設施最佳運作狀態。

(二)以設施與員工兼具為主的服務

　　設施與員工的管理則都同等重要，因為如果沒有完善的設施，員工也難以發揮完美的服務，例如郵局櫃檯服務是屬於設施與員工兼具為主的服務，但接觸程度並非很高，則應強調標準化作業以便大量服務消費者及提升成本效益；是屬於五星級高級飯店，則同屬以設施與員工兼具為主的服務，但接觸程度卻很高，這時就同樣需給予客製化或消費者多種選擇。

(三)以員工為主的服務

　　對於員工的訓練、態度、反應等當然就是管理的重點，例如，購買運動私人教練課程，與員工接觸程度很高，所以需給予客製化或消費者多種選擇，同時教練本身的專業知識、服務態度、反應都需良好的訓練與管理。

二、消費者參與

　　消費者參與（consumer participation）意指消費者進行消費的過程中，必須提供訊息給予服務人員，才能讓服務程序更流暢、結果更完

美，同時還需要貢獻時間與精力等。例如，減肥門診的病患看診時必須告訴醫生身體狀況、聽從醫師的指示從事運動、配合營養師飲食建議等才能有好的成果。又如，餐廳裡點菜若有特別要求烹調方式應精確描述，用餐時保持一定的禮儀、遵照付帳程序等。當然這些流程須服務人員引導消費者正確的參與，以免產生反效果。

三、消費者購買後反應行為

消費者購買後反應結果一般會以滿意度（satisfaction）來衡量，如果滿意將有助於忠誠度的建立，若不滿意可能產生抱怨（complaints）。但對服務不滿時有時聽不到消費者抱怨，沒有抱怨的原因並不見得就是滿意，為什麼沒有抱怨？可能是消費者認為服務的重要性或缺失的嚴重性不足、抱怨機制或方式不明或繁瑣、對抱怨的作用悲觀、擔心抱怨帶來不愉快的經驗。有關滿意度將於第五章再加以詳細說明。

Chapter 5

服務業顧客知覺價值與滿意度

- ■第一節　顧客知覺價值
- ■第二節　顧客滿意度構成要素
- ■第三節　顧客滿意度的追蹤

前　言

　　從前一章介紹的服務業消費者行為得知，消費者購買決策制定是經過理性且有一定基本程序的過程。購買決策制定過程中資訊線索成為環境的刺激。而消費者在判斷這些訊息時，首先會先運行本身的感官功能，也就是運用視覺、聽覺、嗅覺、味覺及觸覺來作為對環境刺激的接收器，這些就是所謂的知覺。然而我們瞭解到服務業具有無形、異質、易逝、不可分割等基本特性，所以更是需要靠消費者的感官知覺去對服務品質產生期望與評估選擇。我們在此談服務業滿意度時，須特別提到的是「顧客知覺價值」（customer perceived value），因為價值固然是由業者來創造與傳遞，但並不是業者一廂情願的說了就可以，而是必須由顧客來理解與感受，才能讓顧客認同與滿意，企業必須以市場導向的觀念方式經營，故才使用顧客知覺價值這個名詞。然而這裡所指的價值是超過一般顧客的單純需求，更需進一步的瞭解個別顧客的知覺心理因素，因此，企業創造的價值就是企業生存於市場的本質，而顧客知覺價值將會影響到顧客滿意度（customer satisfaction）。

第一節　顧客知覺價值

　　顧客知覺價值的形成有兩大因素：一為成本，另一為代價。因此如果要增進顧客知覺價值可採用兩種策略，也就是降低成本及代價，另外就是提高品質及消費利益。曾光華（2009）認為若以消費者情境來思考，發現有關成本與代價的問題，乃是在購買的三階段過程中均會存在。因此，他將顧客知覺價值構成因素以**圖5-1**說明之。

	購買之前	購買中	購買之後
成本／代價	蒐集成本 時間代價 心力代價	取得成本 產品金額 時間代價 心力代價	使用成本 操作成本 保養維修成本 心理代價 社會關係代價
品質／利益	期望品質／利益 交易品質的期望 消費利益的期望	交易品質 商店形象 服務品質 購買體驗	消費利益 產品功能利益 心理利益

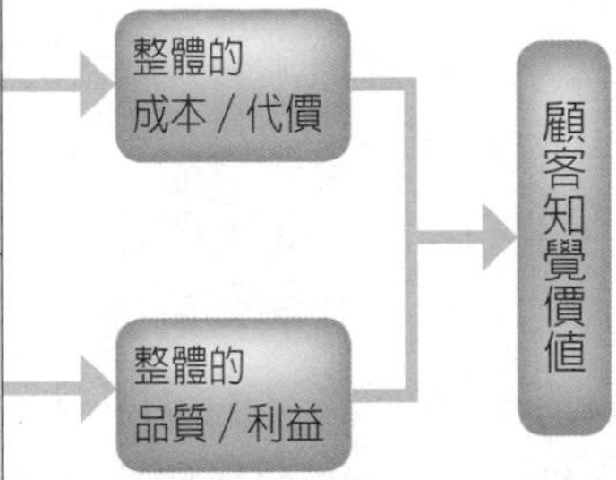

整體的成本／代價

整體的品質／利益

顧客知覺價值

圖5-1 顧客知覺價值構成因素

資料來源：曾光華（2009），頁125。

一、成本與代價

(一)購買之前的蒐集成本

消費者發覺要購買一項服務或產品時，誠如第四章所提到的購買決策過程，因此會產生資訊的蒐集，蒐集的過程中除了由記憶中進行內部蒐集外，如果資訊仍不足就需花時間與心力進行外部蒐集，這些就是所謂的蒐集成本（search cost）。業者應該想辦法降低消費者蒐集資訊所必須付出的時間、精神、精力，才能提升顧客知覺價值。實際的作法可由在消費者購買或消費時，營造深刻的購買與消費體驗，讓消費者留下深刻記憶，將有助於加速下次購買前內部蒐集。同時提供方便接觸與使用的各種資訊管道，讓消費者需要更多資訊時可加速外部蒐集。

(二)購買中的取得成本

消費者為了獲得服務或產品不僅須付出金錢，購買當下還得付出時間參與服務或獲取產品，同時在參與服務過程中或購得產品時還需花上心力。因此，業者如能降低消費者取得成本（acquisition cost），將有助於提升顧客價值。一般常看到的手法，會採取降低售價的方式來降低取得產品的時間與心力，但這種方式必須特別注意消費者對炫耀財或以價格來判斷品質的聯想產品，這就無法達到效果。除了降低價格方式外，有些企業為了降低消費者購買服務當中的取得成本，採用到府服務的方式為消費者節省時間與心力。

(三)購買之後的使用成本

購買後的使用成本（usage cost）除了實際使用後帶來生理傷害外，還包含心理上焦慮不安，例如接受整型鼻子美容手術服務後，由於手術不當不但外觀不如預期，氣候一變就酸痛，擔心朋友指指點點的不安等，這些都涉及社會關係代價，因此，企業更需針對如何降低消費者在團體關係或人際交往所需付出相關的代價，如此才能提升顧客知覺價值。

二、品質與利益

當消費者購買服務或產品時需付出的成本與代價，就會想要得到相對的品質與利益。品質與利益同時也會在三個階段中產生各種不同的形式。

(一)購買之前的期望品質／利益

當消費者有購買需求時，會在購買之前付出心力與時間的成本

代價去搜尋資訊，在這階段雖然實際的服務或商品品質與利益還沒發生，但是，消費者會對交易品質（transaction quality）及消費利益有所期望，然而消費者的期望往往是由業者塑造出來的。因此，企業必須注意到在各方面都要傳達與實際相符的資訊，不要造成消費者知覺價值的誤會，才不會導致交易後品質與利益期望產生反應落差，影響顧客滿意度。

(二)購買中的交易品質

消費者購買服務或商品過程中，商店形象、工作人員服務品質、體驗過程等因素的交易品質都會影響到消費者知覺價值。

◆商店形象

服務商店與機構的實體環境功能，包含服務商品組合、價格的定位、擺設陳列方式、音樂、燈光、溫度、裝潢設計，以及讓人有無歸屬感、親和力、創意趣味等心理屬性的各式各樣看法。這些都是給予消費者對商店的形象建立的外在因素，如果形象愈好就越能提高消費者對購買過程的評價。每年舉行漫畫博覽會都會有進場人數限制，就是為了避免會場內過多人潮造成擁擠而破壞會展的評價。

◆服務品質

除了實體環境外，在交易的過程當中服務人員服務的態度，以及服務流程品質都會影響消費者對企業服務品質的評價。尤其服務業有無形性、不可分割性的特質，對於員工的服務態度與效率都要做好員工訓練與設計順暢的服務流程，以提升消費者對服務品質的價值。

◆購買體驗

業者更需營造顧客的美好體驗，因為消費者在購買情境中常會因感官、個人情緒與認知等被刺激所帶來的美好感覺，這將會提高對企業的價值肯定。

(三)購買之後的消費利益

當消費者購買之後的反應來自服務或商品的功能利益（functional benefits）及心理利益（psychological benefits），進而影響對企業價值評斷形成滿意度。

◆功能利益

指的是由服務屬性帶來的最基本好處，如醫生治癒疾病、飛機準時並安全抵達目的地。產品功能利益做到了未必大幅加分，但只要有差錯，顧客知覺價值大幅滑落，容易造成嚴重不滿。

◆心理利益

指的是服務為個人的心情、形象、尊嚴、地位、智力、心靈、社會關係等所帶來的好處。如飛機上的服務讓乘客倍感溫馨。心理利益可以帶來相當高的顧客知覺價值，因此業者通常會用來擬定企業的「價值主張」。

第二節　顧客滿意度構成要素

企業對消費者提供有價值、有用處的服務或商品時，消費者在購買的三階段過程中都必須付出成本與代價，進而得到利益與品質，當消費者感覺無論在哪一階段得到的利益與品質和付出的成本與代價相較下的知覺價值，所引發的愉悅或失望的程度就會成為所謂的「顧客滿意度」。我們也常聽到某人提及哪一家飯店時，如果有人去消費過可能就會對該飯店品頭論足一番，這就是基於顧客體驗過後的情緒表現，這些無論是正面或負面的情緒反應正是顧客滿意度的表現。

一、顧客滿意度的重要性

顧客滿意度對於一個企業而言,會影響顧客忠誠度、口碑流傳、再購意願,進而影響企業永續經營。因為,消費者購後滿意度與再購買意願之間存在有正向的關係,消費者滿意度是企業是否能夠獲得重複銷售、正向口碑及顧客忠誠度的決定性因素,因此,消費者購後滿意度對於業者的收益就有明顯的衝擊。

但是顧客滿意度與顧客忠誠度並沒有等比例的關係,也就是說滿意度高並不一定代表忠誠度就一定高,通常而言,滿意度必須到達某個強度時,忠誠度才會大幅攀升,有關忠誠度與顧客的關係將會於第六章加以介紹。

二、滿意度的形成模式

顧客購後反應滿意度主要形成的模式,可由期望落差模式來說明。當消費者要購買任何一項服務或商品時,在消費者潛意識中就已經抱著「希望得到某些利益或品質」,或者「希望能夠得到業者會為我們做些事」的期望。這時滿意度就是這商品或服務是否能滿足這種期望的程度。也就是說,顧客滿意度決定於商品或服務的產品表現與期望兩者相互的比較結果。如果商品或服務的產品表現超過預期,顧客就會滿意,如果表現低於預期,顧客就會不滿意。通常消費者在購買之前會有所期望,針對潛在的事前期待內容形成,根據過去是否曾經使用過的經驗會有所不同,可分以下三種來說明(如**圖5-2**)。

(一)過去無經驗

這類的期望通常透過電視、網路、雜誌、報紙等廣告宣傳,或服

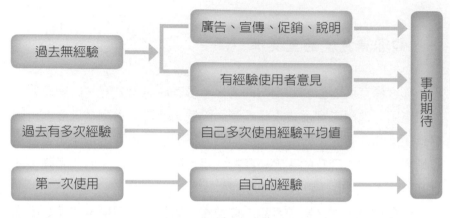

圖5-2　事前期待的形成

務人員告知說明，逐漸對該服務或商品形成產品的印象。對這種本身並未親身經驗過的產品，自然會在詢問曾體驗過而且可信賴的第三者後，才會決定期望的內容。

(二)第一次使用

　　根據過去無經驗的諮詢結果決定期望內容後，若接受的服務或商品內容與期望相同或超過原來的期望，就會很滿意，同時會將此次經驗留下印象，下次繼續光顧這家公司，所以再度來使用的顧客，就會將最初使用的印象形成事前的期待。

(三)過去有多次經驗

　　此類產品是過去曾經使用過數次，故會將所使用過的多次經驗的平均值作為事前的期待內容。例如：一般民眾有多次坐計程車的經驗，對於常坐的距離、費用和時間，基本上都能有一個基本概念，如果由台北車站到台北101，根據過去的經驗約十五分鐘，車資約120元，因此，如果這次搭乘的計程車無論在時間或車資上無特別理由卻

高出於事前的期望，就會因此感到不滿意。

　　當消費者在購後評估實際過程中，不同的結果直接影響消費者再購可能與意願。因此，為了形成顧客的滿意度，對行銷角度而言，就必須注意不要讓顧客對期望有所誤會或產生過高的期待，企業就要懂得做好顧客期望管理，塑造合理期待或預告表現，例如，導遊預告「到萬里長城會人擠人，秩序混亂」；同時也要慎選顧客或有效搭配顧客與產品，例如，電影分級、英語補習班針對不同的人士開班。

三、影響滿意度的因素

　　影響消費者滿意度的因素，尚有來自消費者是否可歸因對產品的購買是正確的行動；產品的屬性是否能令消費者感到興趣與吸引力；產品是否提供正面情感。這些都是會影響消費者事前期望。

　　在期望落差模式中，基本上滿意度形成來自結果，但有些滿意度的形成無法以結果解釋。基本上需經過程中和考量整個產品表現發生的歸因來源、影響的因素、是否可以控制、是否經常發生還是偶發事件，而決定對哪部分不滿意或滿意程度，這就要以歸因過程加以說明。例如，一位婦人到醫院掛婦產科看診，預期十五分鐘後可以看診，結果卻等了一小時才看到，以期望落差模式解釋此結果肯定不滿意，但是這個不滿意是對醫師不滿意？還是對醫院不滿意？或是可原諒的呢？

　　歸因主要就是針對尋找事情發生結果的主要原因，將購買的結果作原因的歸結，並把購買結果的因果歸諸於自己或廠商。以此原因來解釋事件結果的表現及對顧客的影響。基本上顧客對業者或產品的表現會以三個面向來加以分析解釋：首先，是誰該為這種表現的結果負責？也就是原因的歸屬；第二，發生的原因是不是可以控制？最後，是不是經常發生？也就是穩定性如何。以前面的例子而言，首先看到原因歸屬，是誰造成醫生延誤看診？如果不是醫生自己造成的原因，

是因為臨時有產婦要生產所以醫師先去處理而延誤，這時就不會對醫師不滿。其次，可控制性，醫生延誤看診是否可以避免？產婦生產若是自然產，無法控制的就不會怪醫生，但如果是醫師排定的剖腹產，基本上醫師可安排門診時間，是可控制的就會對醫師不滿。最後，穩定性方面，這種醫生延誤看診是不是經常發生？如果是經常發生就會產生不滿，因為經常發生表示並未做妥善的安排管理。這三個歸屬的因素將會影響消費者對滿意度產生不同的結果。

1.對醫生不滿：延誤看診是醫生造成的，其實延誤的原由是可以避免的，而且他經常都犯這毛病。

2.可以原諒：延誤看診是醫生造成的，但原因是無法避免的，他很少延誤看診。

3.對醫院不滿：醫生經常延誤看診，原因與他無關，都是醫院的問題。

由上例可知，原因歸屬過程如**圖5-3**，包括歸因來源、歸因影響的因素，以及歸因結果層面。也就是當消費者遇到購買的服務或商品不良時，就會探討發生的原因，經過附著的各種原因歸屬過程後，顧客就會得到一主觀結論。

(一)歸因來源

由歸因方向來劃分為個人因素的內部歸因，例如，看診延誤是因

圖5-3　原因歸屬過程

自己到醫院看診時，雖然如預約時間準時到達，但已過號，所以要多等三位病患看完才能輪到自己；以及外部歸因，例如同樣事件到達看診時已過號，是因為報號機器故障所產生的跳號則屬外部歸因。

(二)歸因影響的因素

包含消費者動機、相關資訊及原有信仰等。例如過去到這家美容院剪髮曾經有失誤的經驗，就算換一位設計師，通常仍有較不信任的先入為主觀念存在。另外，歸因也會有下列幾種依循標準判斷來自顧客持有的資訊，來決定原因歸屬何者。

1.相異性：當顧客將結果歸因於店家時，會以此商家與其他商家做比較，事件發生情形改變後，得到推論結果是否會不相同。
2.一致性：當同一事件，在同一商家發生時，得到推論結果是否會相同。
3.共同性：同樣發生的事件，別人是否也會得到推論結果。

(三)歸因結果層面

1.責任歸屬：事件發生時誰該負責。
2.穩定性：事件發生的結果是正常現象與否，是否經常發生。
3.可控制性：事件發生的結果是否可存在控制的變數，誰擁有控制權。

四、歸因對情緒與行為之影響

由歸因觀點來看，當顧客消費後，面對購後的不佳結果，若顧客認知其行為原本是可以控制的，不需要承受損失時，其歸因的行為很有可能會引發憤怒的情緒反應，而非悲傷的情緒。當顧客進行外部歸因時，其要求商家賠償與道歉的傾向會較高；在外在責任歸因且為可

控制的情況之下，則顧客會有較激烈的反應，例如產生憤怒的情緒，以及採取對商家具有傷害的實際行動；顧客在面臨商品失敗時，如果顧客將不滿意的結果歸為通路銷售人員的責任，相對於是自己本身的責任時，會有較高的傾向去進行負面的口碑傳播。

　　企業必須注意到當有任何表現欠佳問題出現時，如何向顧客解釋表現欠佳的原因？重點要說服顧客是外部不可控制的原因所造成的，但要特別謹慎小心處理，拿出有利的證明，別被認為推卸責任，並且第一時間就要先出來道歉，並且保證盡力改善，以後不會發生。例如，到花博會看展覽，排隊領票進夢想館觀看，花博夢想館熱潮持續，預約券排隊人潮每每爆滿，不過每天夢想館的參觀人次只能開放3,600人次，平均每12名遊客，只有1人有機會參觀夢想館，引起許多抱怨，台北市政府採取，夢想館在花博閉幕後不吹熄燈號，延長營運到明年的措施，以免造成更多民眾的不滿。

五、公平觀點

　　影響滿意度的因素，除了受事前期望及購買過程歸因的影響外，消費者對交易公平或不公平的判斷也會是影響因素。消費者對交易公平或不公平的判斷而言，基本上除了在乎自己的收穫價值外，還要比較本身與他人的「收穫與投入的比率」。如果本身投入與別人相同或比別人少，得到的收穫一樣或更高就覺得滿意，反之就會覺得不公平而不滿意。例如，你以10,000元入會參加健康俱樂部成為一般會員，另一位會員卻只繳7,000元，這時你就會覺得不合理，而產生不滿意，但是如果只繳7,000元的會員，是被限定為離峰時間才能使用的離峰會員時，你就不會覺得不滿意了。因此，業者在行銷策略時，注意到在消費群體中維持大致相同的收穫與投入比率，多付費的則可享受升級服務，才不會讓顧客感到不公平而產生不滿意。例如，住飯店時總統套房較貴，相對得到私人管家的服務、超大的客廳、餐廳、家具的布

置空間等服務，一般標準客房就只有比較小的空間及服務。

第三節　顧客滿意度的追蹤

顧客滿意度對業者而言極為重要，關係到顧客忠誠度、口碑流傳、再購意願，進而影響企業永續經營。因此對顧客滿意度必須加以追蹤分析。

一、顧客滿意度的追蹤方式

(一)顧客滿意度調查

這是一項最常見的顧客滿意度的追蹤方式，也就是藉由問卷定期衡量顧客滿意度。一般設計的滿意度調查問卷表中，除了根據不同的產品而有不同的調查項目之外，為了確立改善的主要事項及深入瞭解顧客的想法，通常會加入消費者個人屬性相關問題，以利分辨其關係。

(二)顧客流失分析

主要在於定期檢查顧客流失率、流失原因與對企業造成的影響等，以求改進。顧客流失分析乃是顧客滿意度一項實際又重要的指標。

(三)申訴與建議制度

為消費者設立投訴管道，並在內部建立檢討機制。這是需將它視為對公司有益的寶藏，可讓企業在不滿尚未惡化前加以注意。主要有

效的申訴管道可以提供免付費申訴電話，內部建立檢討機制處理時，牢記補償顧客必要性及重點是改善體制而不是處罰某人。

(四)劇本客人

調查人員佯裝成顧客，瞭解服務品質及現場銷售作業狀況。過去大眾運輸交通公司也曾以稽核人員佯裝為一般乘客搭乘公車，目的就是想瞭解司機服務態度及收票的作業情形是否符合標準，有時也可故意製造抱怨觀察員工的反應及處理狀況。這種調查缺點在於耗時耗費，有時較容易因個人主觀偏差，產生不客觀評價。

二、滿意度衡量與分析

滿意度經過調查後，應能將這些滿意度衡量與分析運用在企業經營上才具有其意義。因此，在做滿意度衡量與分析時，必須注意以下事項：

(一)先明確顧客定義

首先，考慮的是調查的對象是誰，一般顧客分顯性的既有顧客，以及隱性的潛在顧客。對於如何保持既有顧客的滿意是非常重要的，因為開發潛在的顧客成本，往往比確保原有既存的顧客高出甚多。以休閒俱樂部而言，對新開發一名潛在會員成功入會所花的成本，比既有會員的續約成本多出五倍以上，同時只要既有會員滿意度高，他們就會為企業推介新客戶進來，如此口耳相傳的口碑行銷是服務業最佳的行銷利器。

其次，還要考量消費的顧客是「實際使用者」還是「購買的決策者」。服務業將服務提供給消費者，除商品本身會影響顧客的滿意度外，服務的內容程序也會左右顧客的滿意度。因顧客的定義不同，而

問卷調查是業者衡量顧客滿意度最常見的調查方式之一

服務台經常是顧客洽詢、抱怨、申訴的地方

顧客定義會影響公司策略與方式，而策略與方式的差異性就會表現在公司的業績上，所以要先決定誰是顧客非常重要。

(二)滿意度結構設計

當我們設計顧客滿意度調查時，除了要瞭解顧客滿意度程度外，對於不滿意的原因也要瞭解，才能對症下藥，留住顧客超越同行。因此在設計問卷時，要找出每一個可能與顧客的接觸點，針對每個接觸點的實際服務流程與人員的相關事項包含在內，如此才能知道在哪一環節客人最不滿意，以便改進提高顧客滿意度。

(三)衡量注意事項

1. 選擇調查的對象：針對VIP還是偶爾來的客人作為調查對象，決定後再由所有調查對象的資料中任意選出。
2. 回收率提高：調查方式若採現場面訪回收率會較高，但相對成本也較高。利用郵寄成本較低，但相對回收率也會較低，精確度也較差，一般考量公司經費與精確度兩者作衡量。
3. 決定樣本數：依據分析單位決定樣本數，樣本數並非越多越好，決定前先確定要什麼樣的分析。

(四)滿意度分析

當由回收回來的滿意度調查樣本中，以得到的滿意者比例作為顧客對公司的滿意度比例未必完全正確。因為有些調查的顧客如果是與公司服務接觸的頻率高者，很可能就是因為較滿意公司的產品服務，相對滿意度就比較高。如果調查的樣本顧客是偶爾才來接受公司的服務或產品，相對滿意度可能就比較低。何況年齡層不同也會對提供的服務或產品產生不同的滿意度看法。因此，針對滿意度調查的分析應由不同的樣本屬性進行分析，才能真正瞭解不同屬性顧客的實際滿意

度狀況。

　　進行滿意度分析衡量，除了可瞭解顧客對公司的服務或產品是否滿意外，同時也可以分析與顧客滿意度關係的關鍵點，如此對於改善及強化顧客滿意度，這些對服務業未來經營的策略與行銷是非常有用的。

Chapter 6

顧客關係與忠誠度

- 第一節　服務扮演的角色
- 第二節　顧客關係與忠誠度
- 第三節　服務補救與抱怨處理

前　言

　　近十幾年來，學術界和實務界都發現除了產品利益之外，企業和消費者之間的關係，對持續的交易與消費者滿足感占有舉足輕重的影響，因此，誕生了關係行銷（relationship marketing）的觀念。每當服務業者週年慶將到的期間，擁有會員卡或貴賓卡的顧客就會收到邀請信函或接到邀請電話；顧客生日當月就會收到賀卡或折扣優惠券等，他們都是為了跟你建立關係，當然，也是為了自己的利益。這些都是服務業者希望藉由與顧客的關係，進而守住顧客的忠誠度而運用的顧客關係的行銷策略。

　　顧客關係與關係行銷的概念，乃在關係行銷重視顧客知覺價值與滿意度，強調以多元化、個人化的溝通以及動人的服務，和個別消費者發展長期互惠的關係。由於服務人員與顧客互動頻繁，加上顧客對服務的多元及多變的需求，關係行銷在服務業的應用相當普遍。

第一節　服務扮演的角色

　　在第三章已介紹過服務的特性，在此就以服務最明顯的四大特徵來說明服務所扮演的角色。

一、無形性特徵角色

　　由於大部分的服務是無形的，消費者很難在購買前可以完全看到服務的產出或結果，他們很難像實體產品如3C產品、民生用品及各賣場上的商品，都是可以被觸摸、試吃或試穿，在消費體驗的過程中，這些商品都是在集體思維所製造的產品，品質標準都是事先已被檢

驗。但服務是無形的，不能事先製造來展示、體驗，故在服務過程中缺乏具體標準來客觀判斷服務的優劣，因此，容易造成購買前的不確定感與知覺風險，甚至必須靠口碑、品牌或消費經驗來找到業者，這時因服務品質的事前期待，不容易透過展示傳遞其價值，直接的就會影響消費者的知覺品質。故服務會因無形性特徵，在不同的服務產業中，扮演不同的角色，如**表6-1**是無形性特徵在價格策略方面呈現的不同角色。

表6-1　不同的服務業在無形性特徵的價格策略

服務業別	業別說明
餐旅業	大家進的貨差不多，只要經過簡單加工即可提供給消費者，故這時價格會因場所而改變，但這方面有時是需要大投資；而服務人員的顧客認知品質，如一個微笑或一句關懷的話，也都會影響服務的價值，而這是相對比較少的投資，例如教育、訓練或標準作業的設計及訂定。
流通業	純粹就是買進賣出，唯獨有投資的就是人與賣場，當然還有行銷，故消費者都可以在充滿資訊的消費資料庫中，很輕鬆找到合理的價格，所以要如何訂定價格才算合理的，就要看企業能提供哪些不一樣的服務，而這服務的價格再加上買進的標的價，消費願意買單，表示這價格是合理的，但千萬不可就買進價加價再加服務價，因為如此行為被消費者發現，損失就會極為嚴重。例如，房屋仲介不僅賣房屋還賣幸福，3C賣場除了電子產品外更提供貼心的付款模式，加油站賣油外更賣品質，中油連續五年勇奪某週刊服務第一大獎，除了用品質滿足顧客在「人、車、生活」的需求外，就屬品牌服務已經落實在消費者心中了。
技術服務業	消費者不確定感與知覺風險，大都是因為不瞭解這領域的專業，又沒有足夠的知識與經驗去判斷結果如何，故就很難建立消費者信賴感，所以如何將服務過程透明化或簡單化，想辦法讓顧客很快地就知道服務的價值是很重要的。例如，冠軍麵包店將烘焙的過程用透明玻璃完全公開，就是要讓消費者感受到用心與專業的態度，並因此而贏得信賴感，這過程在在展露冠軍的信心；醫生的診療更非消費者專業，故醫生一句關心的話，往往會加速病人痊癒的速度，而這無形的消費，就常因口碑宣傳、醫院形象等因素而影響消費者不同的選擇。

3C賣場除了電子產品外更提供貼心的付款模式

二、不可分割性特徵角色

　　實體產品大都先經由生產、銷售、消費與使用，因此實體產品的生產與消費是分開。但很多服務則是生產與消費同時進行，有些則是先消費，再由業者進行生產與服務，而這些服務都是同時產生，而且是不可分割的服務特性使然，因此，大部分的服務在彼此互動下，生產者與消費者會同時介入生產過程。例如，演唱會台上表演者盡力表演，同時將歡樂傳遞給消費者，很多的現場演唱會在進行中時，表演者常會利用機會與消費者密切互動，創造會場高潮，而這服務傳遞的過程中，服務品質的好與壞，通常涉及消費者與表演者的認知互動；老師與學生也存在著不可分割性且參與程度的不同互動。對於不可分割性的服務特性，在不同的行業中，分別說明其服務品質形成過程中，不可分割的服務所扮演的角色（如**表6-2**）。

表6-2　不同的服務業在不可分割的服務所扮演的角色

服務業別	業別說明
餐旅業	餐廳將原物料進行簡單加工就可以提供給消費者享用，所以當顧客依需求享受不同的環境與業者（作業人員）提供的消費服務，是不可分割的。而旅行社提供的服務，除了票券、旅館或餐飲，可因大量的採購壓低進價而賺取差額，這部分可以歸流通業，但旅行業擁有提供更多服務整合產品的價值，例如領隊或導遊在某種操作上，又可歸技術服務業，所以綜合其功能價值來看，這些服務會帶來消費者參與並認同其事前期待，這才是真正消費者願意付錢購買的服務價值。
流通業	大部分超商其增加的價值是人、時間與環境設施，而這些所提供的服務往往會與銷售的產品一起被消費者購買。至於加油站除了賣汽柴油以外，更整合便利超商、洗車、車輛維修及兼賣一些相關產品，例如油精、信用卡等，而這些是業者所提供不可分割的服務。
技術服務業	最典型的例子就是醫生與病人之間的互動情境，因為醫生秉持其專業知識，整合病患回答醫生的病情詢問，最後才能提供病患妥當的醫療，而這消費過程中服務的不可分割是非常明顯的。同樣的，汽車修理廠、企管顧問公司、理髮業都同樣具有這方面的服務特徵。

便利商店進駐校園對購物不便的學校學生提供不可分割的服務

三、異質性特徵角色

　　產品與服務若是分開提供，則產品的品質在製造的過程中會被嚴格檢驗出來，所以我們一般在消費的商店購買到的商品，一般而言，品質、式樣並不會有太大的差異，但服務往往因具有異質性，也就是說服務會隨著提供者的不同，或時間、地點、心情、態度、不同的服務對象，而造成服務品質極大的差異，尤其在這多元化的顧客需求下，相關的態度、言行、專業知識等，都會影響服務的不同效果及表現，所以服務業要追求一致性的服務品質，大都會採取訂定標準作業流程及自動化設備，並透過持續性的選用、教育、訓練及有效的管理和獎勵，才能滿足顧客多變的需求。即使同一個服務人員也會因為變異性的來源，增加服務品質標準化的難度（如**表6-3**）。

表6-3　不同的服務業在異質性所扮演的角色

服務業別	業別說明
餐旅業	餐廳除了提供物超所值的菜色及舒適衛生用餐環境外，就屬現場服務人員，外顯的服務態度，例如親切提供過去一週的TOP5排行菜單建議；若是第一次光臨，則應主動給予用餐環境的介紹，一般這類消費者來自親朋好友介紹、網路口碑或者臨時起意，這些消費者都可能因為「一粒老鼠屎壞了一鍋粥」，故餐飲業者要保持穩定服務水準，尤其是服務的好與壞在一瞬間，這會是業者營運的重要指標。其他如旅行業或花博的參觀人潮亦有相同的服務特徵。
流通業	因為超商、超市的人潮何時會發生，一直是不容易預測，當然可從過去的營業趨勢分析，可以大致得知人潮可能會在何時出現，例如週年慶、節日或某一項產品的特別促銷活動，但一天之內高峰又會在何時出現很難得知，故碰到這場景時，業者的應變就會變得更加重要，但爭先恐後、焦慮等待、大聲咆哮等，勢必會影響現場服務人員的心理，以致降低整體的服務品質。這場景在流通業時常會碰到，因為一般流通業產品價格都差不多，而重要的是顧客渴望一份來自業者的窩心關懷。

（續）表6-3　不同的服務業在異質性所扮演的角色

服務業別	業別說明
技術服務業	擁有專業知識是技術服務業重要的職能，但業者若未能依其專業或標準作業提供顧客超值的服務，例如汽車修理廠，從接待、詢問、等待、保養、結帳及洗車這一系列的服務流程，若依循標準作業流程，則會保持一貫的服務品質，所以服務過程中發生缺了咖啡或忘了洗車這些簡單的缺失，都會影響顧客對於業者整體服務滿意度。其他如企管顧問、理髮業、律師、醫師、老師等都會在服務的異質性下，面對服務品質一致性的問題。

四、易逝性特徵角色

　　服務無法像一般實體產品可以先製造儲存，在無法儲存的服務特性下，就經濟的角度來看，就是供需失調的問題。電影院未能賣出去的座位不能留待下一場來賣、這班客運未坐滿的座位同樣是無法留至下一班車，所以可以看出這方面的服務特性是有不可儲存性。由此延伸，因為它不是實體產品，也無法預測消費者的事前期待及需求時間、數量及何種性質的服務內容，以至於產能無法有效規劃及缺乏應變彈性，儘管有些服務業，可以在需求產生前事先規劃各項服務設施與人員，例如預約制度、節慶行銷、淡季促銷、策略聯盟等，是可以有部分的預測功能，但這段時間的服務是具有時間的有效性，若消費者無法及時使用將形成浪費，因此規劃出來的產能若大於需求，很明顯代表著資源的浪費，相反的，若需求大於供給，則部分的顧客就無法享用服務，甚至會引起很大的抱怨，業者就必須啟動復原計畫，故產能規劃與成本取捨就會成為服務品質的關鍵因素（如**表6-4**）。

表6-4 不同的服務業在易逝性所扮演的角色

服務業別	業別說明
餐旅業	服務的易逝性，對於餐廳、旅館或旅行業是非常嚴峻的挑戰，尤其有季節性及地區性的餐旅消費行為，例如台灣的氣候冬天東北季風，北部沿海或靠北的離島，休閒性質的消費行為就會大量減少，此時這些空間下來的人力、設施或餐飲都無法儲存。由此可見，利用尖峰調高價格抑制產能不足的問題、離峰時降價促銷刺激需求，但加強產能或開發需求，追求供需平衡的服務資源規劃，將是服務業未來的重要課題。
流通業	雖然沒有像餐旅業那樣有服務的儲存性問題，但產品的供需問題仍然會是流通業很嚴峻的問題，例如暢銷貨缺貨引起消費者對於業者服務品質不滿，甚至有很大的抱怨口碑流傳；相反的，若進太多的產品，因銷售不佳引起呆滯庫存，對於依賴服務技術增值的流通業，除非擁有完整的連鎖體系的庫存調配，不然供需之間的產能規劃與成本取捨，就會成為流通業評量服務品質的重要考量因素。
技術服務業	雖然擁有專業知識的優點，也沒有服務的儲存性問題，但因易逝性的服務特性，也同樣會造成供需的落差，這部分與流通業有共通相似之處，在此就不對其他汽車修理廠、企管顧問、理髮業等行業深入說明了。

 ## 第二節　顧客關係與忠誠度

　　瞭解顧客關係的層次，以及顧客忠誠度（customer loyalty）與企業永續經營的關係對服務業而言極為重要。然而，有關顧客忠誠度基本上具有兩個層面：一為心理層面，也就是內心有多喜歡、信任某個產品；另一則為行為層面，也就是重複購買的程度。這兩個層面都會影響留客率（customer retention rate），進而影響企業永續經營的機會。

一、顧客關係的層次

　　一般企業與顧客的關係層次，就如同社會關係上的人際關係有著不同的層次。這些不同的關係層次是企業在發展行銷策略的方向上重要的思考因素。顧客關係的層次大致分為陌生人、認識的人、朋友、夥伴。

(一)陌生人

　　指的是與企業還未建立任何關係的顧客而言，正是業者想要爭取的顧客群，也就是還沒正式購買，僅是潛在顧客，因此對企業與產品不甚瞭解。此類的顧客除了來自尚未購買的消費者外，也有一部分來自其他競爭者的現有客戶。例如，由休閒俱樂部爭取的會員而言，尚未加入會員的附近居民，就是還沒正式購買俱樂部會員的潛在顧客；而已參加過相關的俱樂部，但對該俱樂部並未有相當忠誠度的會員，就屬於競爭者的顧客。無論是前者或後者對企業而言，在目前的關係層次上皆屬於陌生人階段。因此，針對這類的顧客須以吸引力作為競爭力的來源，關係行銷目標就是要爭取初次購買的意願，一般而言，這種關係層次的顧客，會以凸顯服務的特色或相對利益，提供誘因（例如給予入會折扣或贈送會籍年限）或開放服務（如鼓勵到俱樂部試用），作為行銷策略方向。

(二)認識的人

　　消費者向業者購買過產品或使用服務就會對業者產生瞭解，就是業者將其關係列為認識的人之層次。該層次的顧客雖然有購買經驗，但關係期間尚短，顧客對業者的信任度仍為不足，很容易就轉換廠商，忠誠度不高，例如，每次以單次付費到俱樂部運動的顧客，雖然

對俱樂部有所認識，但可能擔心俱樂部的穩定性、安全性夠不夠，會不會加入會員後倒閉等疑慮，所以可能又到別家去使用，而不願加入會員。因此，針對這類的顧客必須滿足他們的需求，加強顧客對服務價值的體認，降低顧客的知覺風險與認知失調，讓這層次的顧客對企業產生信賴，強化提升他們的滿意度作為競爭力的來源。

(三)朋友

當消費者經過對企業認識與瞭解後，企業提供更多福利和顧客需求的服務，消費者與企業的關係就會成為朋友關係，但要進到這層關係，雙方需花時間建立信任。如果消費者與企業成為朋友關係時，消費者若要轉換廠商要付出的代價較高，例如加入健身俱樂部成為長期會員時，與俱樂部企業關係就會非常密切，俱樂部提供的服務也較能符合顧客需求，如果消費者會員期限到時，若想轉換別家俱樂部就需再付出一筆入會費，同時須承擔他家俱樂部是否能提供相對服務的風險。同時，朋友關係的顧客也比較願意為企業宣傳口碑，常會有好東西要與好朋友分享的觀念，因此，業者要盡可能讓已成為朋友關係的顧客續約，同時也可運用朋友的關係為企業介紹更多會員的加入，保持產業的競爭力。然而，此競爭力的來源就是顧客的滿意度及信任感，故此關係行銷乃以提供競爭者難以模仿與取代的服務，並且還要強化企業形象與信賴感經營留住顧客，維持關係為主要目標。

(四)夥伴

朋友關係的消費者與企業雙方關係長久時，企業就更會投入不少資源經營這種已建立的朋友關係顧客，朋友顧客同時也投入不少資源在企業中，因此，若能使雙方利益緊密結合，產生相互的依賴，關係的層次就能提高到夥伴關係。要達到這層夥伴關係除了相互的依賴外，還要有所承諾能夠讓消費者安心將有形或無形資產託付與企業管

理或達成目標。例如，俱樂部會員接受業者提供健康檢查、醫師諮詢診斷後，運動指導員針對會員做客製化的服務，包含營養諮詢、體能檢測後開立個人運動處方指導運動健身，並作持續追蹤，讓顧客達成目標；又如銀行理財中心針對顧客做個人理財；企業法律顧問爲顧客做管理諮詢，這些都是企業提供專業知識，爲顧客量身訂做客製化服務，讓顧客得到完善、省時、省力又有利益的服務，而企業也得到顧客長期又穩定的商機，所以經營夥伴關係的競爭力來源除了滿意度及信任感外，還要承諾雙方都有利益才行。

因此，這階段關係行銷目標乃以持續提升關係行銷策略方向，掌握顧客在需求、價值觀、生活型態等方面的變化，並持續改進服務，才能得到長期夥伴關係，持續雙贏的局面。

二、建立顧客關係的方法

在前面提到與顧客的關係有不同層次，然而，這些關係的建立在於多次連續購買或契約生效一段時間，顧客關係已發生，企業藉由執行各種關係行銷之方式取得關係，企業的經營態度與關係絕對有關，也就是企業會以行動來表明促使顧客對企業產生忠誠度，企業也會對顧客忠心，因此，企業應創造促成關係之互動溝通流程來爭取顧客關係，當然，決定權仍在顧客。

(一)選擇顧客

愼選與企業匹配的顧客，首先應先瞭解我們的顧客是誰？我們該爲誰服務？也就是挑選「對的顧客」，即是與企業的理念、定位、能力、服務資源、策略方向等契合的消費者。這些就是在行銷策略上牽涉目標市場的選擇與服務定位（曾光華，2009）。

◆以獲利價值區隔顧客服務定位

誰才是我們真正的顧客？一般而言，一個企業來自不同的顧客貢獻，可發現企業的貢獻度來自有價值的顧客為主。故我們以顧客對企業的貢獻度來作區隔，將區隔出顧客金字塔服務階層（如圖6-1），如果我們能夠有足夠的顧客相關資料，就可以針對不同服務階層顧客做出不同的行銷策略，這也是為什麼當我們辦任何信用卡或貴賓卡時，表格上業者大都會有一欄小字寫著是否願意提供關係企業相關資料做行銷等用途，就是想取得更多顧客相關資料。針對各顧客階層服務的特點及內容說明如下：

1.鑽石級：將最具忠誠度客戶列為此級服務對象，這種客戶基本上對公司非常滿意，會將企業產品介紹給他人，也會將其他消費者帶給企業，他們對價格敏感度較低，但期望的是高品質的服務，同時有嘗試新產品的意願，無論如何總是會再來公司購買他們的需求。針對該層級的顧客，服務品質一定要做到好還要更好，超出顧客的期望，才能持續保持顧客關係，給企業帶來無限的獲利價值。

2.白金級：對公司滿意，會將企業產品介紹給有限的幾個人或有人問起時才會說，會將一些消費者帶給企業，基本上對價格有些敏感度，比較會在有些優惠或贈品時回來再購買。為提升白金級的顧客晉升為鑽石級的客層，除了要做好服務品質，更要提供額外不同的服務利益，以免掉入下一層級的顧客，變成其他競爭者的挖角對象。

3.黃金級：對公司還算可接受的程度，有人問起時才會將企業產品告訴他人，不太會主動介紹消費者給企業，對價格較敏感，常會要求折扣，通常會多家比較後才決定是否再回來購買。黃金層級的顧客要善用顧客關係管理的資料庫，創造顧客與企業關係的強化連結（下一段將會介紹關係的強化方式），促進該

層級顧客對企業感到滿意。

4. 銀級：這等級客戶忠誠度不高，對企業無動於衷，購買次數也較少，但占市場數量龐大，是屬於有待開發的客戶群。若因市場占有率的需求，針對該層級的顧客可提供不同的活動主題行銷策略吸引該層級顧客對企業的信賴與關注，進而提升到上一層級顧客群。

5. 鐵級：這層顧客是令人不悅的，貢獻度極少，常告狀抱怨，並將不滿意告知他人，常要求超出應得的利益，極少會再來購買。服務這層級的顧客以減少顧客不滿為目標，這層級的顧客在公司資源分派考量下，不建議投入太多。

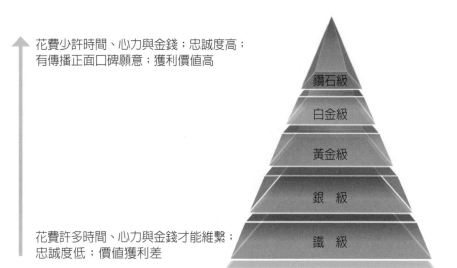

圖6-1　顧客金字塔服務階層

資料來源：修改自V. A . Zeithaml, M. J. Bitner, and D. D. Gremler (2006).

◆重視服務品質

顧客滿意度必須達到一定的程度，顧客忠誠度才會大幅攀升。就如前段所言，企業無論要維繫哪一層級的顧客，服務品質的重要性不在話下，有關服務品質相關內容將在第七章與第八章加以說明。

(二)關係的強化

誠如前面所言，一旦決定了目標市場，將顧客的服務區隔階層，企業應拉近與目標市場的關係，即強化與顧客之間的關係連結。主要的方法有：財務連結、社會連結、客製化連結、結構化連結。

◆財務連結

指的是透過金錢誘因，增進顧客的購買頻率或數量，例如，便利商店最常用的積點優惠送贈品活動，消費滿每60元送1點，30點可兌換贈品；信用卡消費滿30元送紅利點數1點，累積點數可換贈品或折抵現金到網路上購物的交叉銷售手法；又如，俱樂部創始會員保證會期內月費絕不漲價等，都是藉由財務增進顧客的購買頻率或數量的方式。但是這種行銷手法顧客的內心有多少忠誠，值得懷疑；另外，這些方法容易被競爭者模仿，消費者也可能被寵壞，動輒見錢思遷，忠誠度破壞殆盡，雖然有這些質疑但仍是業者非常喜歡採用的方式，尤其對建立新的顧客關係無可置否，確實是一種快又有效的方式。

◆社會連結

乃是藉由強化人際往來和關係增進與企業的關係，這種方式的連結比較費事，但競爭者卻比較難以模仿，而且一般顧客通常不輕言退出該社會關係。最常見運用社會連結來強化顧客關係的服務業以採會員制的公司最為顯著，如俱樂部、健康中心、社群網站等。然而，在做這種連結時，一定要真誠服務讓顧客感動，並且促成顧客的共同生活經驗、回憶或話題，如此社會的連結就不是容易被切斷仿效的。比較具體的做法如：

1.持續保持聯繫：顧客生日、公司週年慶時，特別打電話通知或祝賀；或e-mail給顧客有興趣的相關文章或資訊。

2.親和的服務：員工面帶笑容，真正關心顧客；俱樂部員工能叫出會員姓氏或抬頭稱謂，能夠適時提供會員需求服務。

3.發展私人情誼：例如俱樂部會員組成慢速壘球俱樂部每週末一起打球，或透過登山郊遊活動發展成山友關係。

4.顧客成為朋友：有氧舞蹈會員彼此熟悉，經常相約逛街、喝下午茶、聽講座等。

◆客製化連結

指的是針對不同的顧客因應不同的背景需求，提供個別服務作連結的橋樑，也就是讓顧客感受到更專注與特別的服務，且一旦習慣其服務方式與成果，顧客就比較不易轉換業者。例如，健檢中心針對每位顧客做定期健康檢查、醫師諮詢服務、提供完整健康計畫，顧客的所有健康相關資訊、治療全由該公司提供服務，如此一來顧客更不會輕易轉換業者，但應避免顧客隱私權被侵犯或個人資料被不當利用。

俱樂部業者經常為會員舉辦出外踏青，促成與顧客的共同生活經驗、回憶或話題，強化社會連結

常見的客製化連結尚有健身中心依據顧客體能與體質等為顧客設計健身計畫，並且採個人指導方式發展一對一關係；又如網站提供幾種網頁部落格形式及資訊選項，會員可設計個人首頁，此乃是利用大量客製化建立的連結。

◆結構化連結

這種方法是雙方因共享資源或資訊等而建立起彼此的關係，在企業對企業的交易中比較普遍。若連結對雙方有利，可鞏固彼此關係。例如：教科書出版社投資校園書店，發展出聯合投資的連結方式；百貨公司開放露天廣場提供給學生辦活動吸引人潮，也是啟動共享程序或設施的結構化連結方式；另外，常見的還有旅行社為吸引企業成為長期顧客而發展出的結構性連結，常見的是為企業裝置出差旅遊與報帳系統，以達整合資訊系統的連結方式。

三、顧客忠誠度

(一)顧客忠誠度的定義

顧客忠誠度是一種偏好態度，會影響顧客在某一時間內，持續重複購買的行為（Jacoby & Kyner, 1973）。顧客忠誠度是顧客持續性或經常性的購買同一種品牌產品的行動（Tellis, 1988）。顧客忠誠度係無論是在情境影響或是行銷手段的誘惑下，仍然承諾未來會持續惠顧特定的產品的舉動（Oliver, 1997）。

廣義的顧客忠誠度，係指顧客對特定公司的人、產品、服務的依戀或好感（Jones, 1995）。因此，要瞭解顧客忠誠度，基本上可用整體顧客滿意度來代表。

(二)顧客忠誠度的衡量指標

Jacoby與Chestnut（1978）將顧客忠誠度決策分為三個階段，他們認為以購買行為作為顧客忠誠度的指標過於偏頗，購買行為中常會有因便利、偶發性購買或多品牌忠誠所產生的購買行為。因此，在顧客忠誠度的測量上，Fornell（1992）認為可以藉由重複購買的意願和滿意的顧客對價格的容忍度，去衡量顧客的忠誠度。

Jones與Sasser（1995）指出衡量顧客忠誠度主要有三大方法：

1.顧客再購買意願。
2.基本行為：最近一次購買時間、購買次數、購買的數量等。
3.衍生行為：公開的推薦、口碑、介紹顧客等。

Gronholdt等人（2000）則指出，顧客忠誠度可由四個指標構成，包括顧客的再購意願、向他人推薦公司或品牌的意願、價格容忍度和顧客交叉購買的意願（指購買同一公司其他產品的意願）。

四、抓住顧客的心

留住顧客要十分努力，失去顧客只要一分疏失。因此，企業需留意導致顧客變心（customer defect）的因素。顧客變心最具體的表現就是服務轉換，即顧客拋棄原本的服務業者，另尋新的業者。前面所言企業發展與顧客的關係，想盡辦法強化關係的連結，希望得到顧客的滿意，建立顧客的忠誠度，這一切都是為了抓住顧客的心，避免顧客產生服務轉換。然而，顧客產生服務轉換的因素有些是來自服務的缺失，有些則是因為顧客感到服務價值流失了，當然還有一些其他的因素，如與道德有關的問題，也有些是因為顧客搬家、公司調職或店家歇業等非自願轉換的原因，其轉換的因素如**圖6-2**所示。

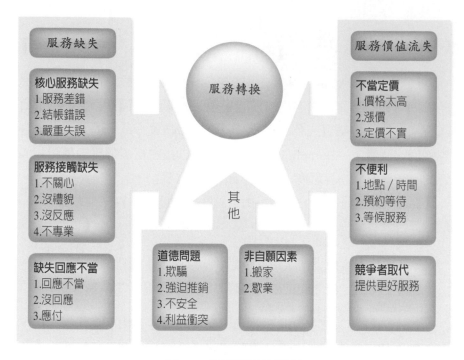

圖6-2　服務轉換的因素
資料來源：曾光華（2009），頁181。

　　以上除了因非自願轉換服務無法避免的因素外，可發現顧客轉換服務通常不是單一原因造成，通常是出現兩個或數個因素以上他們才會轉換服務。因此，服務業者為避免顧客流失，對於核心價值的服務一定要嚴加管理，對服務流程中所做的各項服務接觸更是需要嚴格把關；對市場的價格要有敏感度；尤其要對服務缺失有及時回應，並做好服務補救（service recovery）與抱怨處理，超越顧客的期望提升服務品質，才能真正抓住顧客的心。

第三節　服務補救與抱怨處理

服務缺失，在所難免。只要服務補救做得令顧客滿意，抱怨處理得當，顧客關係還是得以維繫。無論服務失誤原因，服務提供者須處理狀況，以令顧客滿意，服務補救是影響認知服務品質的一個因素，管控服務補救之方式，構成強化的或弱化的顧客關係之平台，有效服務補救會讓憤怒、受挫的顧客對品質滿意度比沒問題發生時還高，因此，服務失誤時之品質管控是非常重要的一環。

一、服務失誤的影響

服務失誤發生的第一時間，會使顧客感到失望或生氣；若未馬上獲得妥善處理，會轉成不滿意與抱怨，特別是核心服務的失敗，是顧客最常抱怨的不滿意之服務經驗所在。核心服務的失敗，更是顧客移轉購買最主要的原因，服務失誤愈嚴重時，顧客的滿意程度當然就會愈低。因此，服務過程中，愈快發生服務失誤時，顧客的滿意程度愈低，因為顧客尚未獲得滿意的服務經驗。尤其顧客感覺到服務失誤發生的原因，可歸責於企業時，顧客不滿意程度將愈高，特別是很有可能再度發生失誤時。當顧客感覺到服務失誤發生的情形，係企業可控制時，其不滿意程度明顯高於企業無法控制的情形。服務失誤必須要付出代價，主要的代價包括：

1. 顧客離去的成本。
2. 失去潛在顧客的成本。
3. 負面的口碑。
4. 顧客抱怨，乃至於怨恨。

二、客人抱怨的處理

當客人對於餐飲或服務不滿意時，往往會產生一種抵制的心態，或情緒上的反應，並運用言語或肢體表達。心理學家曾統計過一位抱怨而未獲得圓滿答覆的客人，平均會將他的不滿告訴九至十個人；而得到完全滿意之抱怨處理時，大概只會告訴四至五個人。由此可知，顧客抱怨處理得當與否，會直接影響業者的聲譽。一般而言，處理顧客抱怨時應先知道顧客預期由業者提供的行動有哪些？不外乎道歉、公平賠償、關懷態度、附加價值之賠償、對服務補救守約。因此，處理的首要方法是瞭解顧客心態，安撫其情緒，然後再就問題的所在點著手解決。

(一)處理抱怨的原則

通常大聲抱怨的客人都較情緒化、較苛求、較易怒，甚至比較不講理。因此，處理客人抱怨時，不論事件的大小，都應遵守以下的原則：

1.冷靜，切忌提高聲調。
2.表現樂意幫助客人。
3.表現瞭解客人感受及心情。
4.不要和客人爭吵或是告訴客人他錯了。

(二)處理抱怨的步驟

牢記處理的步驟，會幫助服務人員更能得心應手地「化干戈為玉帛」，切勿以逃避或推卸責任的心態來拖延事件的處理，如此容易招致客人更大的不滿和憤怒。一般服務業處理抱怨的步驟不外乎以下幾點：

顧客抱怨處理得當將可增加顧客滿意度

1.向客人道歉，並表示同情。

2.傾聽客人的理由，中間不可打斷。

3.鼓勵客人說出原因。

4.表現瞭解客人的感受，並同意他的說法。

5.聽完客人的陳述後找出癥結的所在。

6.向客人解釋如何處理。

7.最後謝謝客人的建議。

8.把問題記錄下來以供日後參考。

9.問題若無法解決須馬上向主管報告，並討論如何解決。

10.對客人抱怨之內容，做出適當之反應，切忌反駁客人之申訴。

11.立即採取彌補之行動，不可推諉搪塞。

12.密切注意後續行動，確實做到對客人之承諾，以免造成二次抱
怨之發生。

三、抱怨處理vs.服務補救

傳統抱怨處理是顧客提出的正式申訴，公司一般以行政方式作分析、處理，此法非服務導向；服務補救乃是管控與以行政方式，對抱怨處理之固定程序，做管控相同情況之服務導向的方法。因此傳統抱怨處理乃是內部效率，盡量壓低成本，如果處理不當時後果將會產生不滿意顧客與錯過生意。然而，服務補救則是屬於外部效率，能夠滿足顧客、維持盡可能長期關係品質，其目的當然是留住顧客及長期獲利。

(一)處理顧客不滿

顧客不滿象徵服務仍有值得改進之處，它可提醒業者出錯的地方，指出顧客的期待，如不加以檢討改進恐有流失顧客之虞。處理不滿的方法須讓不滿意的顧客最終能感到滿意，讓體制及程序達到改進。

◆服務補救準則

1.組織有責任找出服務失誤或品質問題。

2.讓顧客容易做投訴。

3.隨時告知顧客有關矯正錯誤的發展最新消息。

4.主動採取矯正錯誤之措施。

5.立即賠償顧客，不許延誤。

6.即使失誤來自顧客，無法就發生問題賠償顧客，快速與服務導向之補救流程還能讓顧客滿意，建立正面功能品質之效應。

7.道歉同時對損失做賠償。

8.發展系統化補救系統。

9.專人發展支援補救系統。

◆服務補救流程

1.計算失誤與錯誤成本。

2.懇請抱怨。

3.辨認補救需求。

4.快速補救。

5.員工訓練。

6.授權員工提升做事能力。

7.隨時告知顧客。

8.錯誤中學習。

(二)服務失誤發生時顧客之期待

顧客預期行動不外乎是道歉、公平賠償、關懷態度、附加價值之賠償、對服務補救遵守約定。因此，有效服務補救系統焦點要放在經常監視服務流程辨認問題、有效解決問題以及從中學習。企業在進行補救時，要讓抱怨者滿足與否適其感受，因而在處理時應秉持三種「正當性」：

1.結果正當性：即合理的補償，這對滿意度、後續購買意願以及口頭傳播都會產生相當大的影響。

2.程序正當性：即合理有效的補救程序或措施，要感受到此其元素有一致性、抑制偏見、精確度、可修正性、代表性、道德性。

3.互動正當性：指以良好態度處理服務補救，要感受到此其元素則為有禮貌、關心、誠實以及有良好解決問題態度。

申訴代表指控與索賠，不滿者約只有5%會提出，即使不滿意來自

顧客自己咎由自取，仍不能將錯全歸顧客身上，一昧表達歉意及補償是無法令人滿意的。因此，設立顧客申訴單位是有用的做法，並將申訴視為對公司有益的寶藏，在不滿尚未惡化前加以注意，提供免付費申訴電話。處理時牢記：補償顧客必要性及重點是改善體制而不是處罰某人，補償意義是找回顧客對公司的忠誠度，道歉是為顧客著想。

文章選讀

　　店員若能表示「有同感」，客人的抱怨就會平息。當客人說「好貴呀！」時，你何妨也表示有同感：沒錯，連我都覺得貴，真的是買不下去啊！面對這種和自己站在同一陣線的店員，客人就難以再生氣了。反之，如果一聽到客人抱怨就自我保護地反駁對方，客人大概只會更加生氣吧！如果在第一分鐘讓客人冷靜下來，問題大概就解決了。不過，也有客人持續發飆一分鐘以上的情形。客人會生氣那麼久，八成都是店員應對不得體，刺激了他們。

　　有道是「一個銅板拍不響」，如果店員沒有不當的反應，客人應該不會大怒一分鐘以上。剛開始，客人多半會單純因為對產品不滿而生氣，但後來，怒火可能就轉移到對店員的不滿。如果店員誤以為客人從頭到尾都只是在抱怨產品，就不可能澈底解決問題，甚至還可能火上加油，使問題變得更嚴重。

　　（本文節錄自：中谷彰宏，《貴客盈門：30秒就成交50招》）

Chapter 7

服務品質管理

- ■第一節　品質與服務品質的定義
- ■第二節　服務品質模式

前 言

對於品質管理的報告，一般都比較偏重於製造領域，相對於服務業的品質管理，卻因為服務的無形性、生產與消費過程的不可分割性、服務產品的易逝性及服務是由眾多的異質性整合，而這些服務特性明顯造成品質管理上的缺失。但服務業正因為以上的種種特性，所以更需要一個比製造業更寬廣的品質管理方法。

製造業在品質管理上有諸多值得服務業學習的地方，尤其是有關產品品質、過程品質、管理品質及環境品質等相關論述（如**表7-1**）。

以上製造業延伸之有效全面品管（TQM），完全是以企業的需求為中心，全員參與，採用科學方法與工具，持續改善產品品質與服務。TQM不但重視產品品質，也重視經營品質及經營理念與企業文化，也就是以品質為核心的全面管理，追求卓越的績效。因此被稱為廣義的品管，從工程管理的活動開始，製造商品策略，甚至包括高階的經營活動，都明白的表示出品管已從管制活動，成為包含計畫的管理活動，更升格成為經營活動。在此先將管制、管理及經營的定義及服務過程圖詳加說明（如**表7-2**、**圖7-1**）。

表7-1 製造業品質管理相關論述

論述	定義	工具
產品品質	研發品質、製造品質	品質保證（QA）、品質管制（QC）、品質檢驗（QI）三種工具
過程品質	工作品質及服務品質	全面品質保證（TQA）、全面品質管制（TQC）
管理品質	人力資源品質及決策品質	
環境品質	硬體環境品質及心理環境品質	品質基礎、5S、安全衛生、品質意識

　　管制、管理及經營是為了服務過程中的品質得以確保，所必須實施的一種品質管理方法，而其目的是能夠將服務的外部品質及內部品質得以有效的呈現。

　　在製造業的諸項品管的職能、階層及管理分類上，其所提供的品質、成本及交期有實質上的相互關係，而服務業可應用其相互關係的整合上，因為理論上，經營、管理、管制等三階段的職能是可以分別存在，但應用於服務品質的管理上，三階段的職能是不可被分開的，

表7-2　管制、管理及經營的定義

論述	定義
管制	管制是將實施的結果（成果）與事先設定的計畫或標準做比較，確認是否有差異，而進行改正行動的整個活動。
管理	管理是依決定的經營最高決策，訂定執行的具體實施計畫，並對實施進行監督、指導及管制之整個活動。
經營	經營則是指企業經營（經營體）的最高決策活動，在如上的定義中，管理包含了管制，所以製造業所談的品管活動，要明確其在經營體中之位置，必須從企業的經營活動開始說起。

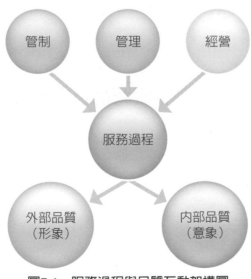

圖7-1　服務過程與品質互動架構圖

表7-3　製造業與服務業之差異表

程序項目	製造業	服務業
產品	實體、耐用的產品	無形、容易被替代
數量	輸出可清點	無形不可清點
接觸	低接觸客戶	高接觸客戶
反應	反應時間長	反應時間短
區域	區域，國家，國際市場	地區為主市場
規模	大型工廠	小型工廠
資本	資本密集	勞力密集
品質	品質容易衡量	品質不容易衡量

因此相對於品質的管理上，卻有意想不到的困難，尤其是其對象不同而有不同的服務整合。**表7-3**說明製造業與服務業在製程的過程可藉以區分的部分。

所以我們可以從製造業與服務業之差異表上，找到服務業可以向製造業尋求有效的品質管理捷徑，例如其中最大而且明顯的差異在於製造業中的產品通常是實體可見，並且是可以儲存的，而服務業的產品，通常是不可見、不可儲藏的，這樣的基本差異就造成服務業與製造業，在品管執行及認知的過程上有很大的差異。因為當品質遇到無形時，品質是很難能夠被界定出來的。

第一節　品質與服務品質的定義

一、何謂品質

「品質」的解釋可以二字分開，大家說好即為品，所謂大家其實指的就是顧客、同事及老闆。而質相對於產品，是提供給大家的實體產品或服務，故大家就必須斤斤計較、精益求精，並在可控制的成本

考量下，結合知識提出解決問題的方法。而品質也將隨著社會的不斷進步，消費者對於產品或服務的品質要求也愈來愈高，品質簡單來講就是要符合顧客認知的規格（如**圖7-2**）。

隨著消費環境的不斷變遷，無論製造業或服務業對於「品質」一詞，都會因應其使用領域的需要及目的，而會有不同的品質詮釋。在過去有許多的專家及學者，經常從製造及服務角度賦予許多不同的定義，首先我們可以藉由**表7-4**中，蒐集國內外學者對於品質的定義並加以整理，藉此讓讀者能夠多方面瞭解品質的基本定義。

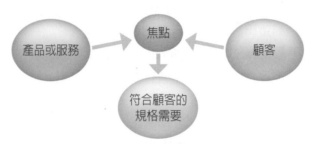

圖7-2　符合顧客認知的規格

表7-4　品質定義

學者	品質論述與定義
吳清山、林天祐（1994）	品質包括兩個層面： 1.絕對的角度：視品質為最完美的境界。 2.相對的角度：品質在非完全取決於事務本身內在特質，而是由外在的客觀因素所決定，當符合外在需求標準時，事務本身的品質才有意義。
黃旭鈞（1995）	品質是符合顧客的需求與期望。
黃久芬（1996）	品質是迎合並超越顧客的要求與期望以使顧客歡欣。
吳思達（2000）	所提供的產品或服務，足以符合顧客的需求以及達成期望的滿意度。
Feigenbaum（1983）	品質為產品的各種特性符合消費者使用該項產品的期望。
Crosby（1984）	品質就是符合要求。
Ishikawa（1989）	品質是以顧客的需求為主，隨著顧客需求改變，品質也要不斷提升。
Deming（1993）	品質不是來自檢驗，而是來自於不斷的改善流程。

綜合上述各學者所主張的品質論述，除了有形產品或無形服務需要符合標準外，尚須持續滿足並超越顧客需求與期望，才能算是真正達到品質的要求。並藉由品質的提升與保證，也才能滿足顧客的需求與期望，因此才能取得顧客的信賴。在工業化大量生產的時代，顧客想消費時，往往都是因為產品的某一項功能符合顧客的需求，他們就下手購買，此時產品本身就具備了品質的基本規範。相對於現代消費者為中心的服務業，大部分的服務品質，是由服務人員來創造的，而其結果就是要符合顧客的需求認知，才能夠真正是以消費者立場來看品質。

接下來我們藉由**表7-5**過去產業別的三階段，探討其對於品質的不同看法，並深入瞭解在此三階段顧客對品質效益的看法。

當企業因應消費者需求，提供有形或無形的產品時，必須從顧客對品質的看法下手，去瞭解其所提供的功能必須是符合產品規範，也就是品質的基本需求，尤其在服務品質方面，這方面已經成為消費者選擇企業提供者所需考慮的重要條件之一，同時也是決定企業能否永續經營發展的關鍵點。

品質管理過去被國內外各大製造業競相採用，藉以有效提升品質、產業形象及競爭力，而製造業與服務業之間雖然存在有相互依存的關係，但是它們仍然具有經營性質上迥然不同的特質：前者站在生產立場，為了達到標準化和大量生產，追求的就是成本低廉、品質穩定、效率提高；然而後者是以消費者為服務的對象，為了解決顧客

表7-5　顧客對品質的看法及效益

業別	顧客對品質的看法	品質效益
原物料業	製造顧客（下游廠商或最終使用者）可接受的有形產品之良率標準	降低成本提升收益
製造業	製造顧客（最終使用者）可接受的有形產品之良率標準	降低成本提升收益
服務業	顧客對於服務流程的事實認知大於事前期待	現在與未來能夠賺取更多有形及無形的利益

的問題，所追求的就是必須不斷地改變和創新，才能滿足消費者對於品質的需求。

二、何謂服務品質

依侯國樑（2002）綜合了Parasuraman等人（1985）、Juran（1989）及Lewis等學者（1990）在定義服務品質時，係在衡量提供者之服務結構、服務過程及服務結果是否能滿足被服務者的需求，經歸納整理有以下四點重要意義：

1.服務品質其實是一種態度或感受。
2.服務品質不只是對服務結果進行評估，還包括對過程的感受。
3.服務品質之範圍從提供的人員之態度、做法到設備、資料、決策等均屬之。
4.對服務品質的感受與個人的經驗及認知有很大的關連性，故沒有絕對標準。

由於服務業主要是由「人」來扮演產業供需的角色，而品質的認定在於服務過程中，顧客的知覺感受，所以服務品質會受到「人」很大的操作影響，如**圖7-3**中所言，服務品質屬性經過Parasuraman、Zeithaml與Berry三位學者針對服務業進行探索研究，歸納出十大項的服務品質的決定要素：可靠性、速應性、勝任性、接近性、禮貌性、溝通性、信賴性、安全性、理解性、有形性，而後演變為以下的五大項：可靠度、反應度、信賴度、關懷度、有效性，透過這些屬性的論述，這就可解釋服務品質是透過屬性的評量，得到顧客事前期待及事實評價的期望落差所決定，同時我們亦可藉由這缺口提出服務品質的解決方案及認知評估（SERVQUAL）的管理模式。

圖7-3　服務品質屬性

　　服務品質在流程的操作過程中，點與點、站與站之間會有很多服務的缺口，而這缺口往往會是品質的重大缺失，這時服務品質的衡量模式就會是企業經營時的關鍵指標，而有關服務品質的相關論述中，就以Parasuraman、Zeithaml與Berry等人於1985年至1988年提出服務品質的PZB缺口模式，筆者修改的缺口模式示意如**圖7-4**。

　　品質缺口模式，首先要掌握的就是事前期待，因為這缺口是觸動其他缺口的重要因子，首先可由口碑／行銷影響來說明，在網路非常普及的今天，很多人在購買過程中會上網去看看別人如何來評價這產品，企業就因應這趨勢，努力的去經營購物網站並經由關鍵字及網誌置入行銷。例如7net定位為7-ELEVEN的購物網，並透過facebook行

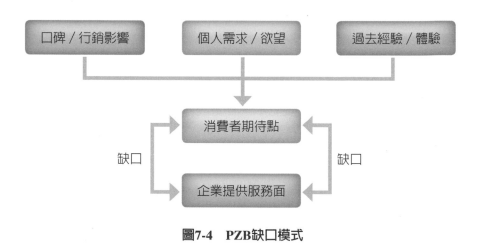

圖7-4　PZB缺口模式

銷，曾經創下一天賣七千箱的飲料茶，而這可是實體商店一週的總銷售量。未來其更將結合網路量販價格與超商取貨付款的便利性，提供消費者的便利性。第二要談的則是個人需求／欲望，需求是當下產品能滿足就夠了，因為那就是消費者的事前期待，但實際上除了個人需求外，還會存著個人本身的欲望，因為這期待的希望，往往會由旁邊人的口語或大眾的知識傳播，久而久之，在不知不覺中，就會產生應該會如此的期待想法，而顧客個人的認知期待，卻往往是企業最難處理及因應的，更是一件相當複雜與棘手的主要因素。最後要提及的則是過去經驗／體驗，而這可能是所有消費過程中，最深刻期待的重要因素，因為體驗行銷是所有行銷組合中成效最大的。

三、服務品質的重要性

Zeithaml與Bitner（2000）提出服務品質是顧客滿意度的重要因素，並依照Rosander（1980）與Parasuraman等人（1985）的觀點「服務品質遠比財貨品質複雜且不易掌控」推論，服務品質會因服務場所、服務價位及產品內容會有許多不同的標準，這是因為服務的認知標準不容易達到有效的管理，假如你在夜市吃一份鐵板燒，看到一對小強在談情說愛、一隻飛天轟炸蠅，或者消費者因為人多座位少，而有不少人就在你旁邊站著等候，準備在你走時就可以搶先占用位子，這時用餐場所的服務品質你會忍受，但場景若換成豪華餐廳或高級餐廳，你就不會忍受了，因這事前期待及事實評價的期望落差，應更能凸顯服務品質因應不同場所有其不一樣的重要性。

所以服務業要如何在消費者面對無形性的服務時，而能提出可靠性的服務，及提高可靠的品質與企業競爭優勢，這遠比製造業來得複雜及困難。因為人在認知服務品質上，有許多無法預知的主觀上差異，因為服務的好與壞，對於人事時地物諸多環境的因素，消費者會有很大的解釋空間，但消費者往往又會因為一次不良的服務，而心懷不滿，這時

企業若缺乏很有效的復原機制支撐，最後就演變成客人不再利用你的服務，導致公司沒有了顧客、收入，最終無法維持經營退出賽局，所以服務品質對於企業是非常重要的（如圖7-5）。

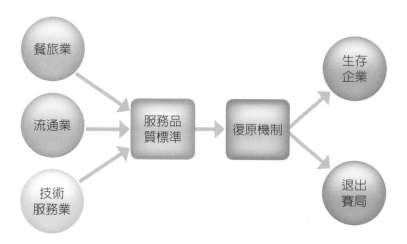

圖7-5　服務品質標準重要性示意圖

教學服務品質影響到學校招生的口碑

四、服務品質的標準

當學者Lovelock（1991）提出服務是具有無形、不可分割、異質與不易儲存的四種特性後，由上述的案例說明服務的確較實體的產品品質，更難以評估與控制，因為服務品質本身的價值判斷常常是具有主觀概念，因此無法使用實體物品的客觀品質來當作標準，並作為衡量服務品質的準則。但服務品質的重要性在前面亦有詳細說明，可是Kaplan和Norton亦指出「若管理者無法有效衡量它，就無法管理它」，顯示服務品質的標準必須要從無形找到有形，才能有效衡量服務品質。故Parasuraman、Zeithaml與Berry三位學者於1994指出服務品質有如**表7-6**所述的幾項特徵差異。

因此，服務品質的標準，經過許多專家學者加以不同深淺的定義，大略可以依照美國行銷科學研究所，從事大規模的調查後發表的

表7-6　服務品質的特徵差異

服務特徵	服務品質的標準
傳遞過程	消費者在衡量服務品質時，除了服務本身，對服務過程與服務方式也會加以衡量，增加了服務品質的複雜度。對消費者而言，服務品質比產品品質更難評估，因為服務品質的評估不只是依據產品的提供、服務的結果，尚包括服務傳遞過程的評估。
標準量化	不論服務本身、服務過程與服務方式均不易標準化，因此比較沒有客觀的衡量標準，使得服務品質的衡量更加困難。
服務無形	服務人員的態度與行為會影響到整個服務，是顧客衡量服務品質時所考慮的重要特性（characteristic）或屬性（attributes），但服務人員的態度與行為則不易掌握。
服務變異	顧客所據以衡量服務品質的某些無形特性，並無法在服務過程明確加以控制。
服務特性	因顧客衡量服務品質大都屬綜合性且要求水準高，而影響服務品質的特性又很多，不易設定服務品質的標準。

結論摘要如圖7-6，每一位顧客於消費的過程中，不論是消費前、消費中或消費後，必定會有事前期待的一把尺，而顧客就會利用這把尺來衡量業者提供的服務，我們就把它稱作顧客於消費過程中的事實評價。圖一指出若事前期待與事實評價相等，則直覺認為「就是這個樣子吧」、「下次看看再說」，不會不滿但也沒有好到下次一定會再接受這服務，印象淡薄，若有競爭者下次選擇性就多了；圖二則指出事實評價大於事前期待，很明顯看出品質的標準就以事前期待、實績評價兩者之間的比較，當然這一定會影響到消費者的主觀認知，則表示「比聽到的還要好」、「下次還會再來」，這是超乎消費者的預期，顧客會再度光臨；最後如圖三指出事實評價小於事前期待，則會有「怎麼這個樣子呢」、「下次不想再來」，這就是典型的消費失落感，嚴重的程度至此喪失顧客。

Kaplan和Norton指出「若管理者無法有效衡量它，就無法管理它」，這明確顯示出服務品質的標準，必須被找出來，才能有效衡量出服務品質的好與壞。所以服務品質的標準衡量，要從事實評價與事前期待的差異服務，找到零負面的品質服務，並要持續保持這好的服務。

相對於讀者必須針對影響因素加以分類、歸納，甚至據以發展出衡量的工具。再者，曾有學者針對服務品質議題指出：在旅行服務業方面，攸關團體套裝旅遊的服務品質的標準或是量表方面，尚未有準確的根據或是更具有信度與效度之研究。

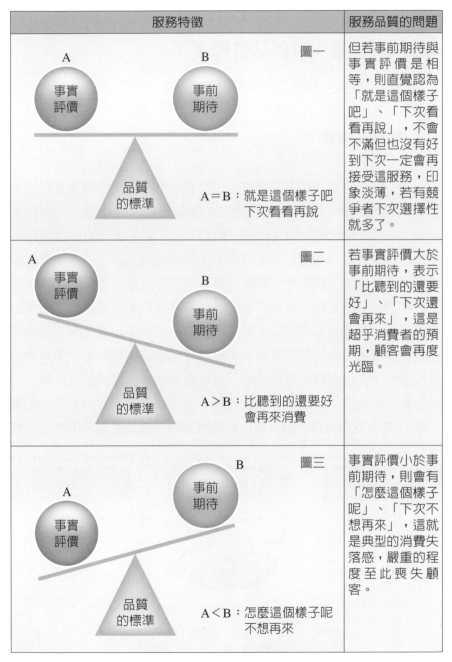

服務特徵	服務品質的問題
圖一 A　事實評價　B　事前期待 品質的標準 A＝B：就是這個樣子吧　下次看看再說	但若事前期待與事實評價是相等，則直覺認為「就是這個樣子吧」、「下次看看再說」，不會不滿但也沒有好到下次一定會再接受這服務，印象淡薄，若有競爭者下次選擇性就多了。
圖二 A　事實評價　B　事前期待 品質的標準 A＞B：比聽到的還要好　會再來消費	若事實評價大於事前期待，表示「比聽到的還要好」、「下次還會再來」，這是超乎消費者的預期，顧客會再度光臨。
圖三 B　事前期待　A　事實評價 品質的標準 A＜B：怎麼這個樣子呢　不想再來	事實評價小於事前期待，則會有「怎麼這個樣子呢」、「下次不想再來」，這就是典型的消費失落感，嚴重的程度至此喪失顧客。

圖7-6　服務品質標準圖說

第二節　服務品質模式

一、服務品質模式

　　消費者評估服務品質的標準除了服務之外，亦受到服務者行為，甚至外貌的影響，因此品質管制的工作難有可靠的基礎（江岷欽，1995）。所以對於服務品質的標準之認定，會在服務的傳遞過程中被拿出來檢驗，這些都是表現滿意與不滿意的關鍵時刻。而消費者依可靠度、反應度、信賴度、關懷度與有效性等五項品質屬性，找出認知與期望之間的差距，並利用消費者在事實評價與事前期待之間的服務差異，加以衡量服務品質，但因服務的無形性等特徵，服務品質的確是需要透過有效的認知評估，才能建立起服務過程的第一印象與口碑深耕化。在這服務品質模式中，其中事前期待的形成可由口碑／行銷影響、個人需求／欲望、過去經驗／體驗等三要素共同組合（如**圖7-7**）。其中以顧客個人過去利用的體驗或經歷最為強烈，因為自己實

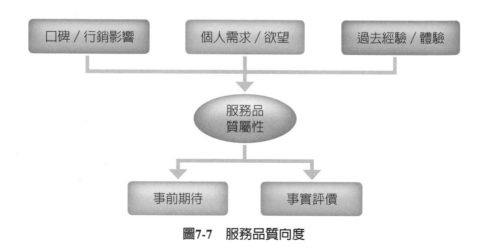

圖7-7　服務品質向度

際所體驗的，會是最有記憶的消費經驗，而這也是事前期待滿意度的重要指標。

二、服務品質模式缺口

1985年，Parasuraman、Zeithaml與Berry等三人提出的「服務品質模式」，或稱「PZB缺口模式」，而此服務品質的相關論述，已經被廣泛地應用於操作模式或品質缺口的相關研究中（如**圖7-8**），從圖中可

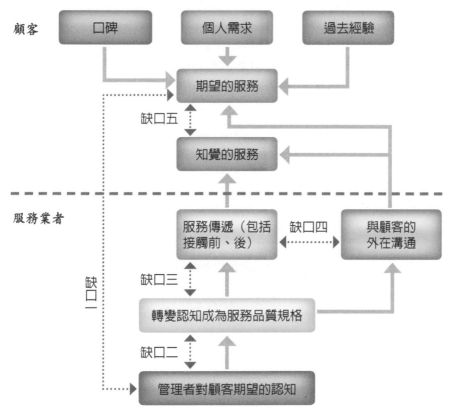

圖7-8 服務品質模式

資料來源：Parasuraman, A., V. A. Zeithmal & L. L.Berry (1985), "A Conceptual Modelof Service Quality and Its Implication for Future Research," *Journal of Marketing, Vol. 49*, p. 44.

發現，服務品質的標準取決於事實評價與事前期待之間的認知差異，而這正是模式缺口最重要的缺口五，若事實評價優於事前期待則是正面品質，反之則會是負面品質，故可以認為缺口五是服務品質的缺口。

在餐旅業、流通業或技術服務業都有很明顯的案例：例如Club Med在每次消費者結束渡假回到家時，都會收到一份顧客評估期望的品質問卷，第一個問題就是在問事實評價優與事前期待的經驗品質差異；某家銀行顧客想要開戶，因這項業務並不需要抽號排隊系統支援，以致於排隊秩序不易維持，故第一線服務人員滿臉笑容，端茶、送報等服務，更因應作業等候的人數預估仍需等候的時間，並適時主動地告訴顧客，這時就會帶來正面的服務品質。反之，在另一家銀行開戶，同樣的情境，因為第一線服務人員疏於預估等候的時間，當顧客問還需多少時間？回答竟是1.5小時，而你的前面可能只有兩個人在排隊，這時行員面無表情還一副「要來不來隨你」的表情，則會帶來負面的服務品質。

依據Parasuraman、Zeithaml與Berry等三人對於服務品質的缺口會是由缺口一至缺口五所組成的，依**表7-7**分別說明各缺口的意涵。

表7-7　服務品質的缺口意涵

缺口	定義	說明	解決方案
缺口一：又稱「知識缺口」	顧客期望的事前期待與服務提供者認知的缺口（主管知覺客戶期望服務及顧客期望之差）	服務業的管理者末能完全理解顧客所期望的高品質，以及其涵蓋的服務特性，由於認知上的差距，而造成服務提供者所提供的服務無法滿足顧客的需求	改進市場研究、管理者與第一線員工保持最佳溝通並得到顧客需求的資訊、管理各階層要與顧客聯繫
缺口二：又稱「標準缺口」	服務管理者的認知與服務的品質規格缺口（主管知覺客戶期望服務及服務品質標準之差）	服務業的管理者於瞭解顧客所需的服務後，組織因資源或用心程度，以致於提供的服務項目與產品規格無法合於顧客要求的品質屬性，該情形可能因為顧客的要求超過服務提供者的能力範圍	設定目標、將提供服務過程標準化、加強企業承諾與服務可行性認知分析

（續）表7-7　服務品質的缺口意涵

缺口	定義	說明	解決方案
缺口三：又稱「傳遞缺口」	服務品質規格與第一線服務提供的缺口（服務品質標準及真正服務之差）	服務業的管理者於瞭解顧客所需的服務後，但因第一線服務提供者的資訊因內部傳遞失誤，導致消費者無法得到企業提供的服務品質規格	落實員工的教育訓練、設備儀器保養SOP、檢討績效標準，及提供高品質服務獎勵等
缺口四：又稱「溝通缺口」	服務提供與外部溝通的缺口（實際服務及外部行銷溝通之差）	服務提供者對外提供的形象與承諾的服務是否過於渲染，造成顧客的期望過高，而實際所能提供的服務卻未能兌現該品質水準因而產生缺口	企業的行銷專員對於消費者需求資訊要深入瞭解，公司並提供懇切、真實廣告訊息，拉近與消費者的距離，這才是有效的溝通
缺口五：又稱「客戶認知缺口」	預期服務與知覺服務的缺口（客戶的期望及其真正知覺之差）	指顧客在接受完服務後，對品質的知覺與期望所形成的差距，其可能為顧客對服務提供者的品質期望過高，或是前四個缺口所導致顧客知覺產生偏差，故缺口五可視為其他缺口的互動函數	縮短或消弭缺口一、缺口二、缺口三及缺口四，才能解決消費者預期服務的缺口

三、服務品質模式盲點與優點

　　PZB服務品質模式最具有實務價值就是缺口五所認定的客戶認知缺口，是由消費者知覺服務的認知與感覺，來決定是否符合企業傳遞的預期服務，這相當符合一般人對於服務品質的常理認知。而從消費者期望直接連結至服務提供者，可以用清晰易懂、業者容易接納的方式來呈現，同樣企業內部對於服務品質的管理方向，就會有比較明確的指示，例如：加強對顧客需求與期望的認識、明訂與落實品質規格、確保設備的運作與人員的工作能力、做好橫向溝通、宣傳避免誇張。對應於PZB服務品質模式在實務的運作上，的確有其關鍵性的盲點，以下由**圖7-9**說明之後再進一步分析。

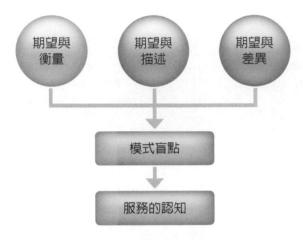

圖7-9　服務品質模式盲點

　　首先，消費者很難在購買前衡量期望，因爲消費者的時間點會影響當時的期望認知，所以服務品質的好與壞，完全依賴事前期待與事實評價兩者之間的差異，才能據以判斷品質的良莠，由此可知事前期待的變數甚多，例如市場上流傳的口碑、個人實際體驗的經驗、產品服務提供者的行銷資訊，或有更多靠微型社群的互相傳播，尤其是在網路發達的今天。

　　接著，顧客可能無法確知期望或針對期望描述清楚，因爲消費者面臨許多的服務業，而每一服務業的品質認定又可能依設施、地點、價位及服務的層級而有所不同，這顯然超過消費者事前期待的理性認知，因此期望是無法被事前提出來的，所以衡量就不易得到共識。

　　最後，則是用差值所產生比較的數值謬誤，因爲消費者期望的標的物基礎值不同，則產生的期望與認知差異並無法有效的評估其品質的問題，正如前述消費者在夜市及高級餐廳的衛生衡量，很明顯是會有很大的差異期望。

　　正因爲有以上的諸多盲點，所以在實務的運作上，都會直接以消費者面對服務的認知來衡量，而不是以期望與認知差異來作爲服務品

質的評估依據，因爲以消費的直接行爲來衡量品質表現水準，是具有比較客觀的基礎性，但因爲無法事先評估只能靠事後衡量，假若消費者不滿意這服務品質，則企業就必須戮力建構消費者的復原計畫，才能夠提升顧客的滿意度。

四、服務品質模式構面

服務類型不同，所強調的服務品質構面也不盡相同，例如Boulding（1993）認爲教育事業以可靠度最重要。而Bolton和Drew（1991）則認爲電信服務業保證最爲重要。Johnston（1995）認爲銀行業最重視服務的完整性。由以上諸位學者的論述得知，影響服務品質有以下的構面：有效性、可靠度、信賴度、反應度及關懷度。但若從品質的管理角度來看，Rowley（1998）則是從提升知識傳播者、工作自主性等服務的管理能量，才能妥善設定社會影響力、目標優越性的品質及績效指標。所以從產品的行銷管理上，找出行銷4P外的3P構面，例如實體環境（physical environment）、服務人員（personnel）、服務流程（process），而這亦可說明服務品質新增的三個構面（如**表7-8**）。

服務構面是服務流程中的一部分，而這部分往往是消費者對於服務品質的心理知覺感受，因爲消費者從最初的流程接觸開始，就已經在打企業的服務成績了，例如電話打到服務中心，一個機械人再換另

表7-8　服務品質模式構面

構面	實體環境	服務人員	服務流程
有效性	服務產品	客訴	維修
可靠度	服務人員	承諾	關心
信賴度	服務過程	安心	禮貌
反應度	服務時間	滿意	協助
關懷度	服務顧客	關懷	滿意

　　在郊外，一間非常普通的咖啡簡餐店，餐普通、咖啡普通、環境
普通的某花園餐廳，但不論白天或夜晚裡面都擠滿了客人，人多
了服務品質就不容易兼顧，這是通則，但人還是一波一波的來光
顧，其核心就是消費者擁有消費期望的驚奇，而這就是事前期待
及事實評價的重要品質標準指標，因為實際的消費感受比聽到的
還要好，所以下次還會再來消費。

一個機械人，最後是機械人告訴你現在大家都在忙線中，若要等待請按＊字鍵，接下來還是機械人播放惱人的音樂，那請問流程有錯嗎？這服務過程中，沒有完成的服務、延誤的時間，這些都是我們必須正視的。簡單的說，不加以思索就一直以數位科技滅絕客服界面，已成為多數公司最大的錯誤。

　　「感動品質」是二十一世紀品質的新發展新定義，代表顧客在接受服務過程中，除了喜出望外之外，還深受感動。因為企業能夠有所差異化的，事實上，就在所提供的服務上，產品或許可以雷同，但是真誠有價值的服務，卻是難以模仿的，而企業的品質價值就會表現在這些感動的地方。

Chapter 8

高品質服務關鍵

- 第一節　服務行家
- 第二節　關鍵時刻
- 第三節　追求高品質

前　言

　　高品質的服務，首先會由網路社群分享新產品的服務行家開始，而他們的知識及市場的敏感度，才能夠傳遞消費者需要的資訊，及提供不同族群的服務諮詢等，如此服務的特質及利用資訊分享有需求的族群，才能漸漸成為開發新客戶及鞏固舊客戶的新趨勢、新方法。有了行家，更需要在服務流程中的關鍵時刻（moments of truth），扮演好行家的角色。例如麗緻·卡爾頓飯店有名的「黃金準則」，其最重要的精神就是「員工在第一時間裡，就能考慮到什麼對客人最好，並及時付諸行動」，其目的就是在面臨關鍵時刻時，員工能夠及時提供消費者服務的關鍵機會。最後則是結合為數眾多的行家，在關鍵時刻中追求高品質，這不僅僅是一種生活態度，更是現在或未來確保企業獲利的重要保證，因為提供高品質的服務，就是企業思考如何找出留住客戶的方法。**圖8-1**是簡單的高品質服務架構說明，希望能讓讀者更快瞭解其意涵。

　　當消費者在追求高品質提供服務的同時，若有以下的推託之詞或事不關己的思維模式，就會造成消費者相互搖頭嘆氣。例如「這不屬於我的職責範圍，無法處理」、「我必須請示一下我的主管」、「沒有辦法」、「不可抗拒的外力因素」，而這些服務行為在消費者的體驗過程中，就可能被摒棄或拒絕。

圖8-1　高品質服務架構及流程

第一節　服務行家

　　大部分的服務業都能成功及善用服務業的諸多特性，例如服務流程的無形性、生產與消費過程的不可分割性、服務產品的不可儲存性、眾多異質性整合的行家服務，這些服務特徵在過程中，行家們會主動參與服務流程等服務，而過程中能夠展現及提供高品質的服務，我們就可稱之為服務行家。**表8-1**是就其四項特質加以說明服務行家應具備的行家意涵。

表8-1　行家意涵

服務特徵	行家意涵
無形性	・服務由無形變有形才能量化 ・提供親身體驗變記憶 ・持續性開發創新獨特服務
不可分割性	・管理好負面的服務 ・提供參與性獨特性服務 ・提升第一線服務水準
異質性	・加強教育訓練學習計畫 ・製作具備地緣性標準作業 ・深化品牌的消費體驗
易逝性	・提升企業與人的服務品質 ・以價制量或以量制價 ・建構服務復原機制

　　服務業不僅僅是產業間的供需價值鏈，而服務行家是能夠藉由服務創新、產品顧問及市場行家等三項專業，互相整合的服務價值鏈，整合這價值鏈將會是服務行家的主要核心競爭力。有關這方面的特質三角架構圖概略說明如**圖8-2**。

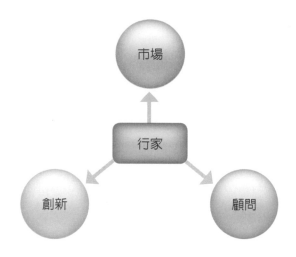

圖8-2　服務價值鏈

　　因為服務行家除了注重服務品質外，更為顧客提供創意與設計服務，讓顧客在消費行為上更有超出預期的消費滿意及競爭優勢。同時這些行家都具有非常明顯的專業特徵，例如蒐集資訊、傳遞訊息、產品嘗鮮、樂於分享及專業知識等行為特徵。**表8-2**是針對服務行家的各種特質加以說明，以利讀者有更清楚的瞭解。

表8-2　服務行家的特質

特質	說明
服務創新	創新採用者指的是早期的採用者，但市場行家卻不見得是使用者，只是經常對於新事物具有最新情報。
產品顧問	通常是指某一產品類別的專家，喜歡鑽研某一類別的產品，其影響力是有產品類別界線的，沒有一個人對任何產品都是意見領袖，並認為購物以及和別人分享資訊本身就是一件愉快的事。
市場行家	Feick與Price（1987）認為市場行家比一般人更樂於搜尋資訊和分享資訊，亦即進行「口耳相傳」。因此市場行家也經常成為廣告鎖定的對象，藉由他們傳播產品特性和特價活動等各種消息。

　　對於服務業而言，他們都會有憑著豐富的個人服務經驗及獨特的個人特色，直接提供給消費者體驗，例如餐飲業是透過祖傳秘方特色，而形塑成餐飲業的特色行家；旅行業則是透過網路上最「夯」的部落客或臉書傳播，將個人變成更專業的國際領隊，並用自己的方式帶給團員不一樣的回憶；流通業則是最難以判定其品質好壞的服務業，所以其服務特色就會偏重行銷的創意活動，藉由廣告宣傳的比重提高，相對突出其購買增值為主要的特色。最後則是討論以技術服務為主的知識工作者，這行業的行家特色是以能夠滿足消費者需求及解決消費者的問題，能否成為行業中佼佼者，其癥結點是因為大部分消費者對於技術及專業的陌生，所以消費者只能藉由「口傳、口碑」而找到服務提供者，**表8-3**是本節整理的三大行業對於服務行家的定義及說明。

　　費翠（2001）的研究發現，「網路市場行家」的確存在於網路消費市場之中。他們都是喜歡蒐集和傳播訊息的一群人，也對於部分的產品類具有意見領袖的影響力。「網路市場行家」最常接觸的行銷管道是閱讀熟人的電子郵件，其次是收到電子折價券、參與網路促銷贈獎活動、閱讀電子郵件廣告，最後才是點選橫幅廣告。也因如此服務行家才能在此開放式的消費市場，從中找到自己的生存之道，並帶給眾多消費者的歡樂。

表8-3　不同行業服務行家的定義

行業別	服務行家的定義及說明
餐旅業	祖傳秘方特色是餐飲業的重要行家特色，而旅行業則是藉由自己的方式帶給團員不一樣的回憶。
流通業	行家能夠提供具有加值特色的服務，並能夠設計具有創意的行銷案，而且能夠依照標準程序執行並說明。
技術服務業	知識工作者藉由在工作中所累積的，或特別研究所得到的訣竅，提供消費者需要的服務。

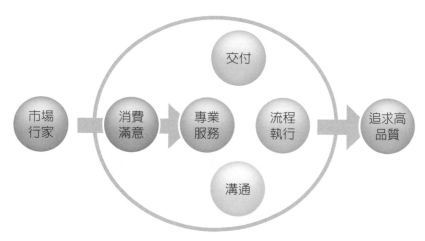第二節　關鍵時刻

　　1986年瑞典航空總經理卡爾森，他認為企業在提供服務的作業流程中，每一次與顧客作業點的接觸，不論機會的深淺，都會是一次顧客對公司產生「印象經驗」的關鍵時刻。而這「印象經驗」是由服務人員與設施所形塑造成的感覺好與壞，而服務人員更是服務流程中核心的關鍵。為什麼？因為服務人員在服務的過程中，一次無心的機緣，做了一件無心的事，而這服務消費經驗的記憶印象，卻往往會是消費者再次接受同一家企業服務的關鍵時刻。例如消費者接受企業提供的產品認知、喜好、偏見、品牌忠誠度等消費行為，這就是重要的「關鍵決定」。而這關鍵就在於「人」，也就是提供給您當下服務的「那一個人」，因為有形產品的疏失，是可透過產品的更換或加值提供，仍有機會將損害降至最低，但無形的服務疏失若發生在關鍵時刻，則需要依靠服務人員與消費者非常努力的互動釋懷與真誠服務，才有機會回復原有的顧客信賴水準。關鍵時刻的效益關連圖如**圖8-3**。

圖8-3　關鍵時刻的效益關連

　　關鍵時刻是存在每一次的消費過程中，而這往往會由客戶對服務的消費滿意、專業服務、流程執行、溝通及交付的服務流程，才能夠明顯呈現其服務效益，茲說明如**表8-4**。

表8-4　關鍵時刻在消費過程中呈現的特質

特質	說明
消費滿意	服務過程中，因為銷售人員貼心？因為東西最便宜？因為售後服務佳？還是消費過程中您從頭到尾感覺被尊重、被禮遇、好像被當作像家人一樣的溫暖貼心？這時事實評價大於事前期待，消費者就會很滿意，而這關鍵時刻卻是由組織提供的流程中被消費者肯定。
專業服務	技術服務業的從業者，大都是秉持著專業服務為核心能力，而這方面卻往往是消費者最弱的一方，若有這方面的需求或問題，往往是透過「印象經驗」及經過口碑相傳之後，就形成了消費者心中的「消費認知」、「消費選擇」，也就是所謂的「喜好」、「偏見」、「品牌忠誠度」。而那口碑背後就很可能會是由某一次關鍵時刻的服務流程中，被消費者拿出來廣為宣傳，因為每一位消費者都害怕花錢受騙。
流程執行	服務的流程中面對面的服務，服務接觸點即所謂「關鍵時刻」（moments of truth）。關鍵時刻存在於任何與顧客打交道的時候，企業尤其必須特別重視這一環，服務品質的完美永遠是關鍵時刻當下的累積，過去的評比再輝煌，也可能因現在或未來任何一個關鍵時刻的處理不當而砸鍋，不可不慎。
溝通比交付重要	許多優秀企業紛紛透過建立自己的客戶服務系統來拉近與客戶的關係，更好地滿足客戶的需求，藉此來確立和增強自己的競爭優勢。作為面對面的終端客戶，例如美容美髮業的服務，作為職場中的經理人，其目的是樹立正確的客戶服務理念，並加強與客戶的溝通，提供客戶高品質的服務。

　　以上是說明關鍵時刻的服務效益，但不同的行業特性會在不同的場域，直接面臨消費者的需求或問題，但那些處理事情的人或許不知道他們的服務態度，累積起來竟會成為消費者是否要再次消費的「關鍵決定」，由這些不起眼的「印象經驗」就是「關鍵時刻」！卡爾森發覺，在每一次的關鍵時刻中，都有機會將消費者的印象經驗由好轉

壞、從壞變好,而其中關鍵就在於提供給您當下服務的「服務業的從業人員」;**表8-5**是說明「關鍵時刻」在各行業,不論影響消費者認知的深淺多少,都會是一次消費者對公司產生「印象經驗」的「關鍵時刻」。

不論其職位高低大小,或扮演何種角色,消費者在接受每一次的服務,都會是「關鍵時刻」,在此時刻中,企業中的每一個人都有機會將消費者的印象經驗由好轉壞、從壞變好,而其中關鍵就在於每一個人,是否能在每一關鍵接觸點,是以服務行家自居,就像星巴克在全世界的每一位從業服務人員,都是咖啡的專業及行家。

表8-5　關鍵時刻在不同行業的影響

行業別	說明
餐旅業	特色的產品,仍然禁不起一次的品質失誤,讓消費者願意排隊等半年的網購人氣王阿舍乾麵,只因日前發生調味醬包出現膨脹問題,除勒令停業外,並封存十四萬多包準備出貨的乾麵及醬料油包,將全部銷毀。而這「關鍵時刻」則是出在產品的品質上,當消費者初期的譁然時,企業主的服務應變能力往往是決定成與敗的重要關鍵時刻。
流通業	流通業提供具有加值特色的服務,但不實的廣告,往往影響消費者決定是否要繼續相信您的行銷,例如知名品牌HANG TEN商品標示羊毛纖維為10%,實際檢驗值卻只有3.2%,落差高達6.8%。此事企業主若無法於第一時間出面處理,就很可能變成消費者「關鍵時刻」的口碑負面宣傳。
技術服務業	消費者的需要與問題的服務需求,往往是取決於企業主的信賴,而這互信的關係又大部分是由消費者口碑的傳遞效應,這是因為消費者對於這方面的專業缺乏瞭解,但彼此之間的關係建立不易,若是有任何的風吹草動,例如醫療糾紛、開錯刀、給錯藥,或是修車該換不換的消費欺騙,都會是消費者評價於企業主的重要「關鍵時刻」。

第三節　追求高品質

追求高品質不僅僅是一種生活態度，更是現在或未來企業獲利的重要保證，因爲高品質的服務，就是企業思考如何找出留住客戶的用心方法。尤其在資訊化的科技浪濤下，企業藉由建立有別於同業的客戶服務系統，來拉近與客戶的關係，更好地滿足客戶的需求，並藉此來確立和增強企業追求高品質的優勢，進而滿足消費者高品質的需求特質。依過去多位學者專家的意見可整理歸納爲：舒適、便利、安全、放心、寬裕、快捷、有效、明快、有趣味、有意義、清潔感、生機勃勃等需求。但一般管理者思索於高品質的服務，可從以下三個基本動作，找到可作爲高品質的衡量參考標準（如**表8-6**、**圖8-4**）。

而這三個基本的方法論，都是企業急待樹立正確的客戶服務理念，急需思考加強與客戶溝通需求及問題復原解決，因爲這些都是創建高品質的關鍵要項，改變第一印象，企業沒有第二次機會。

表8-6　高品質的服務特質

特質	說明
承諾	就是對顧客做出保證，一定會好好照顧他們。
實現	就是當顧客與企業接觸時（不一定是交易，詢問都算是接觸的一種），一定會做出那些照顧顧客的行為。
維持	代表著企業從現在開始到無限的未來，都一定會照顧顧客，而且盡可能做得更好，而且從產品和服務研究開發的源頭就開始體貼顧客，交易結束後依舊會持續關心。

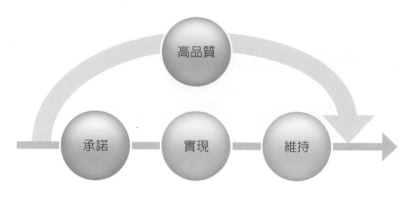

圖8-4 高品質的特質關連

不同行業對於追求高品質會有不同的論述（如**表8-7**），行業別是一個觀點，消費者又會是一個觀點，而管理者是一個觀點，同時第一線的服務員工更是另一個重要觀點。而企業只要能夠提供符合顧客期望水準以上的服務品質，則這不僅是維持生存的基本要素之一，更是企業想要更上一層樓、提升自己在顧客心目中的地位，所必須具備的卓越服務，而且是高於顧客期望水準的高品質服務！

表8-7 高品質的服務在不同行業的特色

行業別	說明
餐飲業	1.能輕易叫出消費者的名字。 2.依消費者特殊的需求提出客製化點餐。 3.提供消費者於服務流程中份外的服務。
旅行業	1.派出去的領隊及導遊不要把問題帶回公司。 2.消費者於服務流程中安全是不容挑戰的品質要求。 3.領隊及導遊提供的績效及品質取決於公司及消費者。
流通業	1.提供超值的產品及無形的服務價值。 2.依消費者特殊的需求提出客製化組裝服務。 3.提供消費者於服務流程中額外的服務。
技術服務業	1.親切的消費環境及互動的體驗情境。 2.提供能夠舒壓的服務環境，因為消費者需要溝通。 3.藉由透明的服務流程，降低消費者的專業恐懼。

郵輪旅遊是目前旅行業者主要推廣的產品之一，要使消費者破除
暈船不安全的疑慮及提供多樣化娛樂，更是業者提供高品質服務
追求的核心目標

　　追求高品質的期盼，是消費者體驗超越所設定的期待服務，因為就高品質的服務評價來看，這都會影響顧客再次購買的意願，如果評價高（滿意），顧客可能願意再次上門，如果評價低（不滿意），顧客就可能不願意再次上門，如果評價普通（沒有滿意或沒有不滿意），則隨時可能轉換購買的對象，這就是企業追求高品質的長期觀點目標。但在低價策略而滿意度極高的消費需求衝突下，如何利用高品質服務留住客戶，並藉由忠誠顧客再次消費的行為，才能確保獲得好的價值利潤。若是想要更上一層樓，提升自己在顧客心目中的地位，除了要具備超越顧客事前期望的卓越服務外，提供高品質的服務滿足顧客更是企業維持生存的重要關鍵。

中部汽車旅館是全台密度最高之旅館業，而台中之星要在眾多競爭業者中脫穎而出，除非企業能夠提出高品質的獨特性產品，否則很難在此競業中存活下來。高品質的關鍵服務，洪國清認為企業沒有改變就不會有成長，所以他堅持企業老闆的經營觀念，絕對不能一成不變，因為沒有改變，就不會有成長，很難應付現今瞬息萬變的經營環境。
圖片來源：http://motelstars.yuweb.tw/taichung_motel.html

Chapter 9

服務業行銷管理

前　言

　　概念行銷比較強調從4P（產品、價格、通路、推廣）與7P（再加上人員、實體與服務過程）等角度，構成符合服務業的行銷策略組合，目的就是要滿足消費者需求及協助企業賺取利潤。對於行銷與銷售的區別，建議以未來式說明行銷（marketing）的要素，而以進行式來講解銷售（sales）的步驟，至於過去式則比較關注於顧客滿意度。而服務業的行銷規劃，則可從目標環境、目標市場及行銷策略組合，擬定具體執行方案，並藉由PDCA（規劃、執行、檢核、執行）管理循環，確保企業執行規劃的成果是否符合行銷策略與目標，若有所偏差則可立即採取必要的修正措施。

　　服務業的企業負責人，有必要審慎地為服務下定義，因為企業在有限的資源下，必須從幾個不同的服務市場中，要有所選擇及界定，以便在顧客區隔、內部優勢資源、地理優勢以及個別性延伸的產品上，設定主力市場，企業常因市場區隔而會有所變動，故以二十一世紀服務業未來的發展來看，首先以低成長、高齡化、少子化、成熟社會的自由化需求為主，沒有科技的創新，服務業自由化的腳步就不會那麼快，故在資訊網路化下，社群團體無時無刻在扮演資訊配銷的角色，最後則以休閒旅遊的時代潮流來看，需求日趨個性化、精緻化、多樣化，亦即不論小規模或大規模企業，在這主力市場的需求驅動下，都是以滿足新服務的市場所需為主力市場。

　　企業的服務定位必須以滿足顧客需求及如何在競爭對手的競爭下存活下來為首要考量，如圖9-1所示。

　　最後從台灣服務業所擁有資訊科技、彈性創新、專業管理、服務深化等四大優勢來探討服務創新在行銷上新的組合，本章主要以Rob Bilderbeek與Pim DenHertog等學者（1998）指出創新的四個構面架構：(1)新的服務概念（new service concept）；(2)新的客戶介面（new client

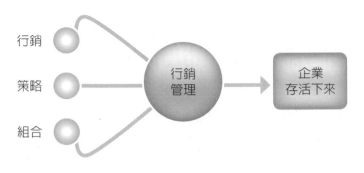

圖9-1　企業行銷管理

interface）；(3)新的服務傳遞系統（new service delivery system）；
(4)技術選項（technological options）為主軸，加以說明服務業必須朝
「質」的方向大步邁前走，有時候發展的速度會因大環境慢一點，
但卻不會轉向。服務是無形的、不可觸摸、難以意會及無法儲存的，
故服務價格的設定，除了有形的服務產品價格以外，其他則會因服務
氣氛差異、環境實物差異等變數，而調整為不同的服務價格，所以服
務業還是要依靠自己的技術或服務報酬來獲取差異利益，若回歸為依
存產品的價差獲取利潤，往往會因顧客的比價效應造成服務品質的失
落，最後導致企業黯然退出市場。

　　產業談4P（產品、價格、通路、推廣），其中推廣（promotion）
的部分是將產品的相關資訊傳遞給消費者，讓消費者知道、瞭解、喜
愛、偏好，進而購買這項產品，這過程主要焦點則會在於與顧客的溝
通（communication）方面。而整合性行銷溝通（Integrated Marketing
Communication, IMC）所談的，整合各類推廣工具、清楚界定每一個
工具的表現內容與形式，以便現有及潛在顧客感受到清楚、一致且強
烈的訊息，則會是本章的主要論述依據。

第一節　服務業市場行銷

　　服務因具備無形性及不可分割性的特性，故分析其行銷目標，除了產品銷售率、市場占有率、顧客滿意度、顧客再消費、企業獲利率外，更應納入人員與資訊的服務管理指標。因為過去十幾年的市場行銷概念，比較強調4P（產品、價格、通路、推廣）的組合架構，尤其當服務業成為GDP的主要商業行為後，探討7P（4P再加上人員、實體與服務過程）等行銷策略組合時，概念的行銷就會從相對行銷演變為絕對行銷。而行銷與銷售的區別，用消費服務的時間軸來加以說明：過去式主要闡述顧客滿意度的要素，以進行式來講解銷售的步驟，至於未來式則比較關注於行銷的主要效益。至於可行性的服務業行銷規劃，則可從目標環境、目標市場及行銷策略的戰術組合，擬定具體執行方案，並藉由PDCA（規劃、執行、檢核、執行）管理循環，確保企業執行行銷規劃的成果是否符合行銷策略與目標。

一、行銷目標

　　「行銷是創造、溝通與傳送價值給顧客，及經營顧客關係以便讓組織與其利益關係人受益的一種組織功能與程序」。故任何公司在進行市場的一般性行銷，其目標就只有一項，就是現在或未來能夠協助公司賺更多的錢。所以企業行銷的目標到底是什麼？除了有形產品很容易就可以瞭解，如銷售量、銷售金額、買賣利潤、市場占有率等，但無形的行銷目標又該具備哪些？例如提升企業文化、服務品質、滿意度，尤其是服務業其服務的特性，具備了無形性及不可分割性，所以其行銷的目標必須著眼於用什麼樣的服務流程是可以滿足消費者的需求與欲望，所以藉由人與資訊的服務整合，是可以創造高品質的服

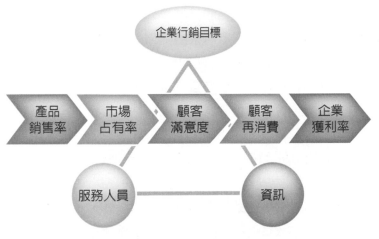

圖9-2　企業行銷目標

務目標（如**圖9-2**）。

　　想辦法把東西賣得又多（銷售額）又好（品牌、形象），這就是行銷目標的質化目標、量化目標（如**表9-1**）。而相對行銷目標就只能針對服務產品銷售、市場占有率及獲利率等關連的有形產品目標量化相互比較；絕對行銷目標就比較著重於顧客滿意度及顧客再消費等無形質化服務目標。

表9-1　量化與質化行銷目標

量化行銷目標	質化行銷目標
一般來說與產品銷售、市場占有率、顧客滿意度、保有顧客、擴張通路、新產品發表數目、獲利率等具有數字的量化目標有關。例如，企業因應市場的行銷目標，提供許多有形及無形資源，才能具有開發適應市場需求的產品服務，及達成企業把東西賣得多（銷售額），而且短時間就可以看到成果。	主要是與目標市場的顧客群的認知有很大的關連。像是知名度、認知度及偏好度等都是難以量化的目標。例如，想要使公司的產品在消費者的心目中重新定位，給予消費者新的正面感覺，不再是負面的，而想要達到這樣的目標的話，是需要一些時間且必須參與消費者的消費溝通。

　　除了以上有關量化及質化的目標以外，如果沒有將高品質的要素放進行銷的計畫中的話，那麼所策劃出來的行銷計畫將會有些失焦，所以以人與資訊的服務整合，才能夠作為日後的重要營運評估依據。

　　此外，行銷目標除了將目標數字量化，及提供大家藉以溝通的質化平台外，還需依行銷的預測與實際數值納入財務的管理指標，並藉以評估企業的經營績效，才能夠協助行銷計畫更上軌道，並且有效的運用資源，才能夠將公司的業績提高並且達到理想的業績目標。

　　最後則是行銷規劃過程及行動方案，除了以上非常明顯的新產品導入、市場占有率、促銷效率的量化數字以外，其實尚有如何強化產品的流暢性與有效掌握顧客的品牌忠誠度為考量，因為行銷目標是指可實際衡量的完成內容，而非其完成的方法。同時也有喚起消費者喜好經驗以刺激購買欲望，或是引發消費者衝動購買行為來增進營業額，會是數字以外的重要行銷目標。**圖9-3**則是簡易的規劃，希望能讓讀者很快就能瞭解完整的行銷架構。

　　行銷的目標乃在於將產品、市場的執行結果，提供消費者需求與欲望的滿足，而企業目標很清楚地告訴消費者我們會往何行處去，例如Apple的新產品iPhone說明會，公開之後消費者使用的分析與評估，則大概就知道Apple想帶給我們什麼、朝哪一方向、要做什麼以及在何處可以取得，最後則是體驗Apple生活的方法。

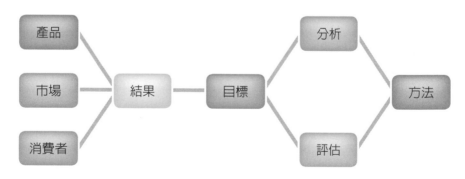

圖9-3　行銷目標規劃架構

二、概念行銷

二十一世紀的消費特質是不理性的、是不可預測的，尤其是在網路資訊及視訊平面媒體廣告鋪天蓋地的時代，消費者面對如此眾多的資訊，而且許多企業更不知如何才能夠推出市場需求的產品，故概念行銷就變成試市場水溫的重要行銷手法，如何從消費者無所適從的環境，找出企業推出有機會成功的概念產品。

首先從有形的實體產品的方向思考，企業如何形塑出消費者的產品期待心理，達到引導消費思維的目的，及創造消費理念。無形的服務產品，往往訴求的是如何形塑消費的環境及情境，從而引導企業開發更多的服務流程產品。而企業面對消費者的市場需求，透過概念行銷將消費趨勢轉化為產品開發的同時，利用消費者對於未來產品感性與理性的行銷，並提供近期的消費走向及其相對應的產品資訊，藉以引起消費者關注與認同，並喚起消費者對新產品期待的一種行銷策略。而企業的概念行銷，比較著眼於消費者的理性認識和積極情感的結合，並透過導入消費新觀念來進行產品促銷。**表9-2**藉由感性與理性的消費行為，深入探討相對行銷與絕對行銷的差異點。

表9-2　相對行銷與絕對行銷的差異點

相對行銷	絕對行銷
「相對行銷」是透過和別人比較而產生的體驗消費，如戀人送花給你，因為這是周圍的人都會羨慕的事，所以不自覺的會覺得這件事是很特別的，心裡充滿了喜悅和滿足感，又如有一份好工作和優渥的薪資，這也是相對於一般人的狀況做了比較之後心裡轉化出的幸福感，這過程在心裡其實已經有了一個內化作用。	「絕對行銷」是有自主性的消費行為，而非比較得來的體驗消費，尤其當一個人的消費心理能夠成熟到自己可以審視自己的消費思維，並且隨時隨地感受到自我消費的美好事物，因為其消費行為，不猜忌不厭惡或刻意傷害別人且不愛計較，比長比短。如Apple智慧型手機，則是透過消費者腦意識的轉化，而引發磁場牽引的效應，它不是透過內化作用而產生的消費行為，而是一種事實改變我們操作手機的流暢性、方便性。

　　從以上的行銷比較，其共同的目的就是促使消費者形成對新產品及品牌與形象有深刻的印象，並建立起鮮明的功用概念、特色概念、品牌概念、形象概念、服務概念等，藉以增強企業對外的競爭實力，簡單來講，就是為顧客帶來滿意，留下現有顧客，並增加新顧客。概念行銷，因考量到服務業具備了無形性及不可分割性等特性，故**表9-3**中以三種不同的服務業別加以說明概念行銷的定義。

表9-3　不同的服務業別之概念行銷的定義

行業別	概念行銷的定義及說明
餐旅業	體驗行銷，同時也是觸動消費者五感的行銷行為，能夠滿足嗅、視、味、聽、觸五種感官知覺的行銷手法。大量銷售的方式已經不復存在，讓消費者置身在商品的故事中，引發共鳴才是最有效的利器。
流通業	1.情境行銷。不知從何時開始，「情境行銷」已經取代「事件行銷」，更加強勢的滲透進入每個人的日常生活當中。打從一大早起床到晚上就寢，我們都或多或少的會「被迫」接受到「故事情節」般的商業行銷活動。因為它太過於「真實」，我們都會疏於防備而不知不覺的接受了這樣的行銷廣告。甚至於透過「真人實境」的衍生手法，讓民眾如同看了一段「活生生」的真實情境事件，因而順理成章的接受它所給予的結果或訴求。「情境行銷」的目的在於透過一段故事的演說，讓消費者無形中「認同」故事主角的觀念與價值，進而「效法」、「模仿」故事主角的行為，達成商品或服務的銷售目的。最常見的「情境行銷」當屬電視台的「置入行銷」節目。如果觀眾朋友沒仔細看清楚電視機角落打出的小小字體：「廣告付費節目」，可能會誤以為正在收看一般正常的電視節目，或是新聞節目。加上節目的主持人碰巧是「有身分」、「有地位」的名人或明星，那可就輕易掉入廠商設下的圈套了！ 2.感動行銷。感動具備幾項元素，第一是感動的內容，第二是感動的時間點，第三是感動的環境設計，第四是透過什麼方式感動，第五是要感動對象是誰？掌握這五項要素，就是一個很好的感動行銷！
技術服務業	1.口碑行銷。你可能聽過企業對企業（business-to-business, B2B）和企業對消費者（business-to-consumer, B2C）的行銷，而口碑行銷則是讓真正的人互相交談，也就是消費者對消費者（C2C）談論，而不是由行銷人員自說自話。事實上，這是

表9-3 不同的服務業別之概念行銷的定義

行業別	概念行銷的定義及說明
	B2C2C（企業對消費者對消費者）。行銷人員的工作是提供值得談論的點子。這是宣傳推廣，一旦有人重複你的說詞，這就是口碑。口碑就是想推動這種漣漪，讓它不斷向外擴展。 2.誠信行銷。在講究顧客權益的時代裡，產品再好、服務再周到，都比不上老老實實地把所有該注意的事項都讓顧客知道。基於這個道理，我們甚至可以重新擬定「產品」及「服務」的意義——所有的「產品」及「服務」，應該包括顧客想知道的一切資訊。換句話說，資訊即是「產品」及「服務」的一部分，積極友善地傳達這類訊息，是愈來愈重要的行銷環節。

　　概念行銷是觸動消費的感性及理性的重要行銷理論，因為它是解決企業面臨的行銷困境的一種較好選擇，尤其是概念行銷能夠將一般的行銷策略從平面到2D更轉化為3D的消費體驗。消費者往往都能夠透過企業提供的相對與絕對的行銷模式，清楚找到自己所需要的消費產品。

三、行銷與銷售

　　有了商品之後才能談「銷售」，然而「行銷」是在商品存在之前就可以進行，而且是必須找出消費者所需，及可提供的對應商品所必須做的功課，以下是從行銷與銷售不同解讀中找出其差異說明（如**表9-4**）。

表9-4 行銷與銷售觀念區別

行銷	銷售
行銷觀念著重四個主要核心，即目標市場、顧客需要、整合行銷及獲利力。與銷售觀念的差異在於：銷售著重於賣方的需要；行銷則著重買方的需要。	此觀念假設消費者常有採購的惰性或抗拒，必須勸誘使之購買，因此公司要有全套的推銷與促銷工具，來刺激更多的購買。許多公司在產能過剩時，也會實行銷售概念，目標是銷售所生產的，而非顧客所要的。

行銷最重要的部分並非銷售，而銷售最重要的部分亦非產品，但不論銷售或行銷皆不能疏忽其準備上市的產品生命週期（product life cycle），簡稱PLC，是產品從概念構思到產品研發、製造，到定價、配銷、通路、促銷的市場存活歷程，簡單的說，就是一種新產品從開始進入市場到被市場淘汰的整個過程。相對於服務業的產品生命週期，服務產品同樣是要經歷開發、引進、成長、成熟、衰退的階段。不同的產品類型因不同的技術水準，所發生的時間和過程是不一樣的。彼得‧杜拉克說：「行銷的目的是使銷售成為多餘，行銷的目的是知道並瞭解顧客，使得產品或服務符合所需，而能自我銷售。」企業才能很清楚的知道行銷得宜，使產品或服務能夠讓消費者唾手可得。

行銷與銷售的區別，可以從消費服務的另一角度來詮釋：過去式主要是闡述顧客滿意度為主要的要素，有質化也有量化的目標；而現在式是指正在進行銷售的步驟，有產品、有銷售、有滿意度、有售服、有促銷等行銷行為；而未來式則比較關注於行銷的步驟，這部分的行銷程序，加了構思、加了情報、加了忠誠消費者，相對也有了消費期待及嘗鮮的試用群。菲利普‧科特勒（Philip Kotler）曾說：「行銷並不是用聰明的方法將產品賣掉的一種藝術，行銷是為顧客創造價值的藝術，也是提升顧客生活品質的藝術。」

行銷與銷售概念的差異可由**圖9-4**表示，銷售概念是由內而外的觀點，起於工廠，專注公司現有產品，需強力推銷以產生有利可圖之銷售額；行銷概念則是由外而內，起於界定清楚的市場，專注於顧客需要，協調所有影響顧客的各項活動，透過顧客滿足來產生利潤。

行銷與銷售，因考量到第三產業的生產觀念、產品觀念，相對於服務業具備了諸多特性，**表9-5**就三種不同的服務業別加以說明行銷與銷售的定義。

（a）銷售概念

目標市場　顧客需要　行銷　顧客滿足以創造利潤

（b）行銷概念

圖 9-4　行銷與銷售概念的差異

資料來源：Philip Kotler著，謝文雀譯（2000）。

表9-5　不同的服務業行銷與銷售的定義

行業別	行銷	銷售
餐旅業	團購、媒體行銷、置入型銷售、專業領隊及導遊	來店餐點消費、網路遊程訂購
流通業	媒體產品行銷、感動傳播	來店產品消費、服務員直銷
技術服務業	研討會、文章、口碑行銷	到府或來店服務，也有網路提供有形及無形的產品服務

　　隨著消費形態的不斷演進，行銷與銷售都會有觸動消費者要求高品質的服務需求，而這無關產品的有形或無形，更無關何種行業所提供的產品，因為行銷與銷售都會有消費者使用產品的滿意度，而這才是產品能否讓消費者接受的重要指標。

四、行銷規劃

　　每一件的行銷規劃主要的就是要滿足企業的目標，而規劃的內容及方向可從目標環境的情況分析、目標市場及行銷目標開始，進而擬定

具體行銷組合策略的執行方案，這部分可藉由PDCA（規劃、執行、檢核、執行）管理循環，確保企業執行的成果是否符合行銷規劃的策略與目標。行銷規劃可分為「行銷環境篇」及「行銷市場篇」（如**表9-6**）。

行銷規劃除了行銷環境與行銷市場外，我們仍需面對目標市場擬定具體傳統的行銷4P方案（如**表9-7**），但單從提供優良的服務品質方向來看仍嫌不足，更重要的是能與顧客建立長期的關係，而此一關係則取決於客戶關係管理的良窳不均，提供客戶差異化策略及提升競爭生產力仍是行銷規劃內容的核心競爭力。

表9-6　行銷規劃

行銷環境篇	行銷市場篇
1.分析內外部行銷環境。 2.環境帶來什麼機會和威脅。 3.本身有什麼優勢和劣勢。 4.個體環境：公司相鄰環境中的角色，他們會影響公司為顧客提供產品與服務能力。包括公司、供應商、行銷通路機構、消費市場、競爭者、社會大眾。 5.總體環境：強大的社會力量，可以影響個體環境中的每一個角色，包括人口統計、經濟、自然、技術、文化環境及政治。	1.要進入什麼市場。 2.行銷目標是什麼（如銷售量、利潤、市場占有率）。 3.企業的資源有限，因此必須在幾個不同的市場中有所選擇，進入某個或某些「目標市場」。 4.確定目標市場後，接著是設定明確合理的行銷目標，通常會使用銷售量、銷售金額、利潤、市場占有率等數據。

表9-7　4P行銷組合

行銷組合	說明
1.產品（product）	為了符合消費者的需求，產品的裡裡外外都需花一番工夫設計，決定產品的材質、品牌、形狀、色調、包裝、標示等。
2.價格（price）	產品設計好之後，企業必須決定一個消費者能夠接受的價格，行銷部門還需決定價格的策略。
3.通路（place）	當消費者需要某個產品時，他們希望在恰當的時間與地點購買到這個產品。通路的功能就是將產品帶到市場上，讓消費者得以購買。
4.推廣（promotion）	廠商必須運用「推廣」，將產品的相關資訊傳達給消費者，讓消費者知道、瞭解、喜愛、偏好，進而購買這項產品。推廣的方法主要有廣告、人員銷售、促銷以及公共關係等。

學者Magrath於1986年針對傳統4P不足以表示服務業的行銷活動，其行銷組合應再考慮：

1.人員（personnel）。
2.實體資產（physical assets）。
3.服務過程（process management）。

過去十幾年的商業行銷概念，尤其以工業化產品會是比較強調4P（產品、價格、通路、推廣）的架構，但當服務業成為二十一世紀的主要商業行為後，探討7P（再加上人員、實體與服務過程）的行銷架構及策略組合時，從傳統的行銷組合上來看，想要將4P運用在服務業上，就實務運作面來看，確實還須加上幾個條件，例如人員、實體呈現與服務過程（如**表9-8**）。尤其服務業主要是由人組成，服務人員的素質決定服務的品質。實體呈現（physical evidence）是指以有形的實體來具體化服務。而服務的過程，依內外活動，大概可分成內部行銷與外部行銷。

差異化策略可以來自公司提供的服務，就如同產品分類一樣，所以服務也是可以用組合（package）的概念來區別，分成基本服務組合（primary service package）與次級服務組合（secondary service package）。當企業在進行未來的行銷規劃時，除了會明確的指出目標在哪、是什麼，以及各單位現在所要做的事情是什麼等，相關規劃單位會依據企業的行銷策略，考量企業組織、組織大小、組織架構、財務能力的不同而擬定一份能夠符合企業的行銷計畫。參考**圖9-5**可作為行銷目標的作業程序。

表9-8　＋3P行銷組合

1.人員	與顧客產生接觸之相關服務人員，或後場作業人員等。
2.實體資產	服務顧客其裝潢、布置及製造或服務之各種設備及設施。
3.服務過程	提供產品和服務給顧客所必需之相關作業流程。

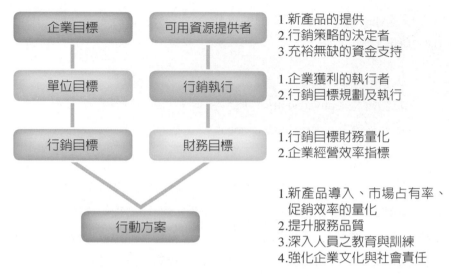

圖9-5 行銷目標的作業程序

　　服務業很容易受到競爭的影響,使得成本上升,因此降低成本與提高生產力往往是經營上的一大壓力。生產力的提升,相對於成本也可以做有效的降低。而提高生產力可由專業分工及服務工業共同來達成。專業的分工,基本上就是每一項專案流程,就是由每一階段專業的服務提供,而這就是服務分享的實施。

 ## 第二節　服務業市場行銷策略

　　一般企業的行銷策略規劃,首重市場主力區隔及設定,如此才具備了比較明確的市場謀略。但孫子說:「謀無術則成事難,術無謀則必敗。」故企業針對所選定的目標市場,尋求在其中可執行的定位及實施方針,會是首要工作,尤其服務業的服務對象就是人,所以品質的要求也會相對嚴格控制,故服務業未來主要發展方向,會是以提升服務品質、創造差異化服務、發展新興服務業、強化人才培育與引進

為主，而企業的服務定位則必須以滿足顧客需求與認知需求為首要考量。

　　服務業依據消費者特性，將服務業相關的市場，依STP三大行銷策略分析步驟〔其中S為「市場區隔化」（segmentation），T為「選擇目標市場」（market targeting），而P為「市場定位」（positioning）等〕，首先就是劃分市場區隔，接下去就是選擇目標市場，最後則是市場定位，本節主要討論的部分以市場區隔及主力市場的設定，至於服務業的定位部分則留至下一節再加以討論。

一、市場區隔目的

　　將市場區分為若干個消費者族群，然後在其中選擇最適當的服務對象，此一過程稱為「市場區隔」。而市場區隔不只是靜態的概念，更是動態的過程，尤其是針對某一特定消費族群的需求，透過新產品或新服務，就可以從消費者的使用認知及過程，確認該項產品或服務的市場區隔（如**表9-9**）。

表9-9　市場區隔定義

市場區隔	論述與定義
地理變數	以消費者所在地理區位的特徵加以區隔；例如氣候、區域、人口。
人口統計變數	可按年齡、性別、家庭人數、家庭生命週期、收入、職業、教育、社會階層、社會中不同群體的文化或亞文化特徵、宗教信仰等進行區隔；例如性別、年齡、教育、職業、家庭、所得。
心理統計變數	按消費者的個性、價值導向、社會活躍性等因素進行區隔；例如生活型態、社區文化、價值觀。
行為變數	根據使用率、品牌忠誠情況、所關注的利益、使用時機等進行區隔；例如個人興趣、時機、消費潮流。

　　大部分的服務業，因產業性的規模限制，有必要從有限的資源考量下，審慎地為企業所欲進入的服務市場下定義，因為企業只能在有限的資源下，必須在無限的服務市場機會中有所選擇及界定，以便將內部資源集中在顧客區隔、內部優勢資源、地理優勢以及個別性延伸的設定產品上。

　　為了因應市場存在著多樣化的需求目的，市場區隔必須具備以下的三個準則：可衡量、有意義、可行銷。市場區隔必須具備的條件：規模夠大、足夠的共通性、該群體與其他群體存在明顯的差異性、必須能具體描述，諸如購買什麼，為何購買？

　　市場區隔的目的，主要為專注而提升專業、管理而提升效率，在此先以**表9-10**說明服務業中的餐旅業、流通業及技術服務業之市場客層區隔。

　　顧客的需求與期望的效益應該要能夠與企業所採取的行銷活動有所關連，其市場區隔的目的乃在於將顧客的需求連結到行銷活動上（如**圖9-6**）。

表9-10　不同服務業市場客層區隔

行業別	市場客層區隔
餐旅業	1.市場價格取勝，屬於消費者低價族群，講求實用與便宜。 2.中價位講求感覺、氣氛、舒服，屬於一般大眾都能接受的價位。 3.高價位要求的就是高品質服務，或是提供客製化、個性化的產品，一般屬於上層時尚社會。
流通業	1.講求快速方便的消費者。 2.態度親切的服務人員。 3.具備更多增值的服務產品。
技術服務業	1.專業，能夠依顧客的問題滿足消費者的需求。 2.專注，能夠就消費者的定位找到市場區隔。 例如：服務業的律師、醫師、會計師三師就是各自擁有屬於自己的專業及專注。

圖9-6　行銷活動關連

二、主力市場設定

　　主力市場常因消費者的市場區隔策略會有所變動，故面對不同的市場區隔，企業必須從中找到可以專業服務的主力市場，而主力市場的設定必須考量市場情況、競爭者、廠商本身等變數。**表9-11**就針對這三項設定的變數分別說明。

表9-11　主力市場設定考量變數

主力市場設定變數	內容說明
市場情況	1.消費文化 2.人口變動 3.社會責任
競爭者	1.市場規模 2.成長率 3.風險 4.消費潮流
廠商本身	1.紅海或藍海 2.競爭策略 3.專業 4.資源 5.定位

從主力市場設定及分析，企業必須清楚地界定想要服務的目標市場。企業必須進行市場區隔，在整體市場中確認一個或數個顧客群，集中力量滿足這些顧客群的需求，明確地界定服務對象可使企業建立競爭力量。針對所選定的目標市場，尋求其中可能的定位概念與方向（如**表9-12**）。

從二十一世紀服務業的發展市場趨勢來看，低成長、高齡化、少子化、成熟社會的自由化會蔚為主流，例如：社會化市場趨勢，面對社會高齡化趨勢，銀髮族群的照護便有極大商業契機。因此嘗試從消費與生活型態脈絡中，可以發掘更多未來新興型態的商業發展契機。亦即不論規模大小的企業，在這主力市場的需求驅動下，皆會以滿足這新的服務產業為主。

表9-12 不同服務業主力市場說明

行業別	主力市場說明
餐旅業	生活水準的提升與改變，服務品質會是主要的主力市場，但因消費群太廣，故仍需分別依其需求設定，但品質是不變的。
流通業	方便與安全性的環境設計，在不穩定的社會化下，它會是市場的主要趨勢。
技術服務業	因消費者往往是市場上親朋好友、同事及已經有經驗的消費群，其一句話可能就決定了服務的提供者，例如銀髮族、幼兒教育、高價旅遊等主力市場，但其互動的信任與誠信，會是企業設計主力市場的主要考量。

跟著星巴克的感覺走,沒錯,它使全世界改變了對咖啡的品味;但除此之外,星巴克還澈底改寫了平民化的體驗行銷文化。其環境有氣氛、設計、暖光、柔和音樂等形象的一致性,都是星巴克企業的重要品牌行銷策略

麥當勞則是歡樂的形象行銷

第三節　服務業行銷組合

　　服務業產品是無形的、不可觸摸又難以意會,所以在進行行銷組合時,與一般有形產品會有一些差異,而這差異除了4P與7P外,更有服務業的諸項特性差異,造成了產品、價格及通路有極大的落差,例如產品與通道因其相互依賴的特性,故其行銷的組合設定,就保有如何將服務的產品,透過與顧客的訊息傳遞進行整合性行銷溝通,目的是讓消費者知道、瞭解、喜愛、偏好,進而購買這項產品,更會有潛在顧客感受到強烈的刺激消費訊息。而價格的設定,除了有形的服務產品價格容易制定,無形的服務價值,則會因服務氣氛差異、環境實物差異等顧客認知而調整不同的服務價格,所以服務業的價值,到底還是要依靠自己的專業技術報酬來獲得專業服務利益,若仍依賴有形產品的價差獲取利潤,往往會因為顧客的比價效應導致服務品質的失落,企業最後會黯然退出市場。

業者常以明星作商品代言作為行銷的溝通

一、服務商品

服務業的產品，能夠推出到消費者市場上，其目的就是為了滿足消費者的需求，解決消費者的問題。所以除了有形產品其形於外的意象，例如產品的材質、品牌、形狀、色調、包裝、標示等，而無形商品則會由服務概念、客戶介面、服務傳遞系統、創新技術來設計其服務程序的商品包裝，在此會透過服務的方針、定位及創新三大步驟，深入說明服務業的三大行業並說明服務業行銷上的新組合（如圖**9-7**）。

(一)服務方針

服務業的服務方針設計，可依其企業方向設定服務目的，並可依此界定企業相關的產品或服務項目，及針對市場的競業分析或自我定位，從中找到獨特性的技術或服務水準，以便提供超越消費者期待的價值，以及產品的社會和公共責任等內容（如圖**9-8**）。例如某一旅遊專案——宙斯淚戀之島，對顧客來說其服務方針最重要的，就是善用說故事包裝遊程，藉以加深消費者的記憶，而企業在自己的行業中，必須提供

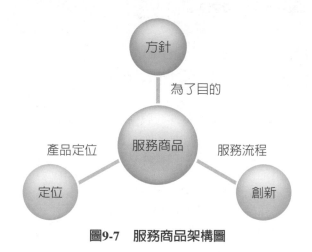

圖9-7　服務商品架構圖

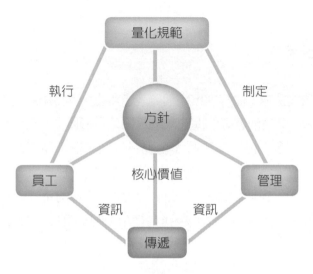

圖9-8　服務方針架構圖

旅遊的服務平台及整合資源，這就是企業存在最重要的價值。

　　企業的核心價值是為了滿足顧客的要求，及解決其消費上的問題，並為了保證服務品質而制定目標量化的指標，並藉此告訴員工應該把什麼奉為信條，並由此來制定更加詳細的服務方案，而落實這些管理上的資訊，更必須建構有效的傳遞平台，而這整個大方向應該說是該企業的服務方針，如**表9-13**。

表9-13　服務方針觀點說明

方針觀點	觀點說明
服務差異化	面對社會高齡化趨勢，銀髮族群的照護便有極大商業契機，因此嘗試從消費與生活型態脈絡中，可以發掘更多未來新興型態的商業發展契機。
消費習慣性	消費者的購買經濟可從其過程中存在的個人習慣中找出產品、服務及其他使用習性的經驗及結果。
品質合理化	旅遊城市找到了「旅遊的價值就在拓展生命經驗」的品牌定位，與多數旅遊網站強調低價、了無新意的景點介紹劃清界線。

(二)服務定位

所謂定位是指「在消費者腦海中，為某個品牌或企業建立有別於競爭者的形象」，例如7-ELEVEN的明亮及方便，便是從消費者的不便找到解決方法的新服務；星巴克是從服務效率及用餐環境氣氛中找到消費者的認可；黑貓宅急便的使命必達責任感在88水災的災民中得到印證等；這些頂尖的服務在顧客心目中相對於競爭者之差異點就是定位。餐飲業的王品台塑牛排恩人服務，以及技術服務業的和信治癌中心醫院，用心聆聽把病人當顧客來對待。這些種種有別於異業的服務定位的選擇，就是企業策略定位的選擇，服務的定位就上述旅遊專案整理出來，大約有如**表9-14**之觀點可以提供參考。

宙斯淚戀之島的定位，乃是開發一套特殊的離島遊程組合，以便影響潛在顧客對這套創新的套裝商品路線的好奇，並隨時配合顧客需求與競爭環境之變化而改變與調整其定位，力求透過媒體行銷的力量，創造出某種品牌或組織的整體認知之概述。在產品定位時必須強調其產品特性以顯示出與競爭者有所不同，一般而言，均採用商品定位圖來進行商品定位，商品定位圖乃藉由圖示的方法，將顧客心目中

表9-14 服務定位

定位觀點	觀點說明
特性（attributes）	特殊的離島遊程組合
價格／品質（price/quality）	客製化、故事化的遊程設計，卻是套裝行程的價格，並具備旅業的品質
競爭（competitors）定位	島鏈行程操作比單島操作困難度來得高，所以一般旅行套裝比較專注於單島
用途（application）定位	本服務商品，因有時間、價格及故事連續性，所以其用途為新婚或銀婚的對象為主
使用者的特性	使用者以高齡化及新婚成熟的戀人是其消費主流
使用時機定位	紀念及回憶的休閒者

對某一商品類主要品牌的相關位置的認知,透過知覺圖與偏好圖予以呈現出來。而位置乃指產品／品牌與競爭者的產品／品牌在相互比較下,在顧客心目中所占的地位。

(三)服務創新

Govindarajan與Trimble（2005）將創新分為四種不同類型:持續的流程改善、產品或服務的創新、流程革命以及策略性創新。其中以持續的流程改善是服務創新的主流,因為它往往只需無數的小投資於流程改善,但卻有極為顯著的成效。例如宙斯淚戀之島的產品服務,雖言是創新的概念,但並未改變現有零碎的旅遊路線,而只有持續性的整合改善。

服務業的創新在競爭性的市場上,有機會也有挑戰,所謂「機會」是指在這領域裡,因為服務之無形性特性,所以願意投入資金研發新服務的企業,除非是連鎖或國際型的服務業,否則因投資報酬遞延太長、投資金額又大,故相對保守。而「挑戰」也是因無形性之特性,服務的技術創新並沒有專利權的保護,容易被模仿,所以服務業者投入的心思就比製造業來得缺乏動力,但換個角度來看,因為容易被模仿,才更凸顯出「創新」在服務業中之重要性。

在服務創新的過程中,最大的挑戰是如何不間斷地獲取消費者的偏好順序及設計新服務模式。因此,許多學者認為企業可透過新的服務概念、科技導入及新的服務傳遞系統才能創造新的服務價值（Hertog & Bilderbeek, 1999）（如**圖9-9**）。

接下來以**表9-15**大致說明服務創新在餐旅業、流通業及技術服務業不同之處。

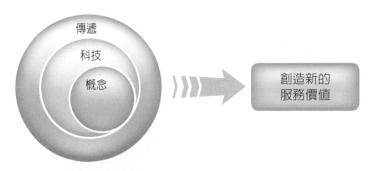

圖9-9　新的服務價值策略

表9-15　不同服務業服務創新策略

行業別	策略方向
餐旅業 （真誠、價值）	1.證照化、差異化、連鎖化、策略聯盟、資訊化（如點餐POS系統）、企業化、提高附加價值、趨向主題性及文化情境消費。 2.擬定整體發展策略，以政府資源協助推動國際化。 3.彈性和多樣化的競爭。
流通業 （及時、創新）	1.透過因地制宜的各種店型、提高國際採購比例、開發自有品牌、強化會員制度、結合電子商務、擴大海外投資、不斷整合與併購等方式以增強產業競爭力。 2.就政府而言，則可從相關法令的制定與鬆綁、營運資金取得的協助、管理人才培訓。 3.市場定位明確，掌握正確的目標市場且確實突顯出產品與品牌的特色、訴求，與競爭者做出良好區隔，靈活調整經營策略。 4.提高產品價值／價格（C/P）比。 5.定價策略和類別競爭。
技術服務業 （專業、信任）	1.建立資訊服務業專業分工、策略聯盟。 2.輔導資訊服務業大型化、國際化。 3.強化資訊服務在新興產業的應用。 4.全面檢討國內管理顧問業適用之相關法令規定。 5.國際化及跨領域管理顧問人才之培養。 6.積極拓展國外市場。 7.形象的競爭。

二、服務的價格

服務的產品經過概念、設計、製造之後，企業就必須研擬一個消費者能夠接受的價格，並透過行銷部門市場調查後才會有價格決定的策略。定價策略依傳統的經濟理論，只有競價和定價，完全競爭是以市場存活價格來定價，而獨占則會以品牌為依歸所設定的最佳價格，例如蘋果之iPhone完全是以其新產品發布當下的產業環境定價，這可歸類為由少數領導者提供標準化產品的定價，而非經市場賽局理論找到其定價的模式，但其他標準化產品的競價，則必須經過賽局理論找到較佳的競價原則。

服務價格的設定，必須考量市場基礎、統一定價、成本基礎之價格策略的定義，例如蘋果之iPhone系列產品是均一價，而可口可樂則會有市場及成本之考量而有不同之定價。而價格的定價策略亦可依其提供的內容產品分為產品差異化（服務、人員、通路、形象），及服務差異化（訂貨容易、運送快速、安裝、顧客訓練、諮詢、維修、其他服務、銀行、公益企業），其價格策略設定的整體示意圖如圖9-10。

服務價格的設定，必須考量消費者的感受才能夠訂出市場可接受

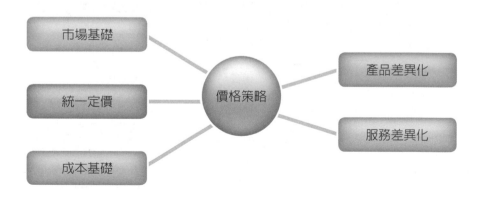

圖9-10　服務價格的設定策略

的定價，消費者願意為其獨特屬性付出的價格，也同時願意對於服務品質付出相對關係的密切價格，這也反映出服務價格的方針及定位，對於競爭對手企業必須有獨特的市場策略，有些成熟的服務業，更利用其高標準的服務特性，例如王品牛排的接待員工的態度及行為，更是業界競相模仿的對象，而其能夠將消費者的獨特感受、輕易的轉換為低成本的品牌效益。

三、服務的地點

服務業的經營地點與配銷通路，會因其行業別而有不同的考量，例如消費者急需某個產品時，他們希望在恰當的時間與地點購買到這個產品，這時地點的選擇會是交通便利、安全舒適。若需大量採買且停車方便，這時郊外空曠的地方會是不錯的選擇。**表9-16**是針對三種不同的服務行業，進一步說明對消費者與配銷通路有何不同。

表9-16　行業別對消費者地點與配銷通路差異

行業別	消費者	配銷通路
餐旅業	消費者以地點或環境為主要之考量，而經營地點的品質高低與使用的價值會成正比，生活水準高的社會，對於消費地點亦會是重要考量。但旅行業則比較注重旅遊路線的體驗與品質感受。	透過網路及平面廣告為主要通路，但餐飲業則比較著眼於活動及口碑或環境行銷為主。
流通業	服務地點或環境對於消費者的適宜性，會是主要的考量依據，但對於方便性的社區需求性而言，二十四小時的小而全，又會是另一種選擇，但對於流通業而言，其分類、存貨、運輸、後勤、空間安排等都會是基本要求。	不論大賣場或二十四小時的小而全，大部分都會以集團的配銷通路為主，其環境的形象、氛圍、方便的整合性設計，更能夠實際地影響到消費者的購買行為。
技術服務業	經由服務合約或設施建立與消費者互動的關係，其服務的地點會是到府服務、定點服務、隨人服務等方式，才能夠確保服務的完整性。	直接或口碑銷售，但技術與專業是無形的，所以相對消費者的配銷或通路的認知，就變得只剩下信任而已。

服務業的地點或通路，其主要的功能就是將其服務的有形或無形產品，順利推至市場上，並讓消費者得以品嘗或購買。同樣的，當消費者需要其他產品時，他們也希望能夠在其信任的平台、場域或環境購買到這些產品。所以地點或通路不僅是將其產品帶到市場上，更是能夠迅速利用其產品功能解決消費者的需求與問題。

四、服務的推廣與溝通

服務業的推廣，其目的是將企業的產品或服務訊息，透過媒體行銷傳播給目標市場的活動，消費者才能夠藉由服務的相關資訊，有興趣知道、瞭解、喜愛、偏好，進而購買這項產品。而服務業的溝通，更因為其企業外部的推廣及內部的溝通，致使消費者在服務流程中，因服務業的無形性、異質性等特性，無形中其服務流程就變得更為複雜。再加入企業內部的服務傳遞與溝通，服務業的推廣與溝通，基本上都是為了因應市場的消費需求。**表9-17**針對餐旅業、流通業及技術服務業進一步說明推廣與溝通在相關的服務上基本的認識。

表9-17　不同的服務行業推廣與溝通

行業別	推廣說明	溝通說明
餐旅業	1.凸顯接受服務的消費群 2.使用平面媒體行銷意象的圖片及象徵連結 3.積極性的促銷活動	1.協助消費者點餐 2.行程說明會 3.全方位的後勤支援系統
流通業	1.展現生動的資訊 2.強調實體或有形的行銷 3.實體外的形象行銷，例如親情、安心、品質信任	1.提供產品的使用說明 2.賣場動線親切設計 3.售後服務支援系統
技術服務業	1.凸顯快樂服務人員 2.承諾服務可以做到的事 3.鼓勵口碑行銷與親切溝通	1.提供各個服務流程說明 2.專業與技術的顧問諮詢

便利商店常於店面玻璃上張貼促銷海報

　　企業運用「推廣」，將產品的相關訊息傳播給目標市場及消費者
的活動，因此消費者才可以得知服務的相關資訊，並進一步協助消費
者獲取其產品、價格、功能、促銷及通路等行銷的功能。而配合推廣
的溝通，則是為了能夠在多變的消費市場上，有效傳達企業的服務資
訊，所設計的行銷活動。**圖9-11**是筆者整合產品與服務行銷策略之架構
圖，以供讀者參考。

　　在二十一世紀的服務業，企業的主力市場行銷，常因行銷策略的
價值認知而改變市場的設定，同樣若因與競爭者，產生的效益無法突
顯，則有可能調整市場的有效經營或退出，故企業的市場策略與競爭
者常常存在價格的變動因素，因為大家都需要在這市場競爭及發展，
而需求又開發不出來，則價格務必成為重要的考量。行銷管理上常用
的「無、有、優、廉、路」五字訣，常常可用來作為服務行銷的策略
管理來使用。「無」為別人沒有的服務產品而你擁有；若競業有這項
產品，則你就必須比別人更好；競業的產品都很優秀，那就必須廉價
以對；但市場都是廉價的紅海時，你無法更廉價時，你會發現這行業

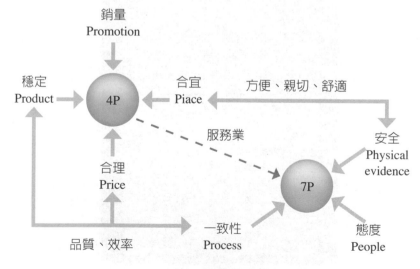

圖9-11　產品與服務行銷策略架構圖

已經不能再待下去了，不是重新開發新產品就是另外尋找潛力市場來發展。**圖9-12**是故事行銷的策略流程圖，提供讀者參考。

　　二十一世紀服務業的行銷管理，所應具備的成功關鍵有：商品力，生存必備基本條件；故事力，讓客戶掏錢買感動；服務力，用貼心培養忠誠度。以發展市場趨勢來看，行銷力，用外部資源打品牌；介面力，優質介面成功代言；貫徹力，執行者堅持的毅力等驅動企業、市場及消費者的需求下，這些努力都會以滿足新的服務產業為主要標的。

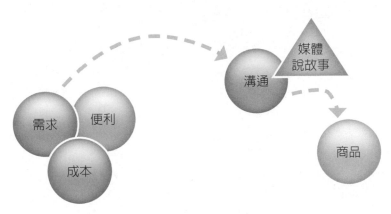

圖9-12　故事行銷策略

Chapter 10

服務業作業管理

- ■第一節 服務的環境
- ■第二節 服務流程與供需

前　言

　　服務業提供流程作業的目的就是要把事情做好，而服務業的標準作業管理，是可以協助大部分的服務業，進行更有效率的「把事情做好、把品質做得更穩定」。但什麼是「作業」？即投入（人力、原料、技術等）轉成產量（有用的服務及產品之動作）的「轉換過程」，換句話說，內部服務流程圖是一種企業可執行的流程操作語言，進而將相關的管理注意力集中在消費者身上，同時檢視消費者在服務流程的滿意時間，而這一切的努力都是聚焦在消費者導向上，並決定要執行何事及何時改善流程步驟，並用來確認何處是瓶頸，企業才能提出應變處理方案。

　　任何服務業要預知服務的需求量，是重要的事也是最困難的事，但為了要確保現場服務的供需平衡，並提升固定消費者及再光顧消費者的比例，這時企業才能在供需之間找到最有利的服務位置。管它是否科學，還是不科學，既然要把供需失調的差異減少到最低的程度，這才是服務業在經營上的治本問題，而提升這種知覺及敏銳能力，也是經營者及管理者必須具備的重要能力。提高需求預測準確度的第二種方法，就是利用科學的、統計的迴歸預測值，才能補救知覺能力的服務缺口。

　　服務業針對顧客服務的作業環境，因不同產業的服務特性，會有不同的服務環境，但服務過程的各種設施，及許多無形的服務要素，都會在服務的流程中扮演不同的角色（如**圖10-1**）。

第一節　服務的環境

　　企業為了要面對消費者的需求，無不推陳出新的提供一系列完整的服務環境，而這作業包含了程序、活動、事件，都是為了幫助消費

圖10-1　服務業作業架構圖

者創造價值而設計，所以我們可以說服務本身是一種作業流程，而這操作環境中就有了角色、場景及有辦法可以吸引消費者目光的設計，而作業過程中與消費者面對面的「服務接觸」（service encounter），將會是影響顧客對於品質之評量的重要關鍵，素有「關鍵時刻」之稱，不得不注意。

一、環境的角色

　　服務業在服務顧客的作業流程中，因不同行業而會有不同的服務環境特色，但服務中的各項有形設施，及許多無形的服務要素，都會在服務的流程中，因顧客的需求而扮演不同的角色。尤其是對消費者而言，服務是具有高度變異的，即便是同一種服務，常會隨著服務提供者不同、提供服務的時間或地點的不同，而使服務的效果產生不同的變化。以下是針對環境的需求面來看：(1)消費者參與（consumer participation）；(2)共同生產者；(3)自助服務（self-service）等三個不同的角色（如**圖10-2**）。

　　表10-1是從三種不同參與者角色，深入去探討在不同的三大行業及環境需求面的角色說明。

圖10-2 環境服務角色

表10-1 不同角色環境的需求面

參與者角色		角色內容說明
消費者參與		因為生產與消費不可分割的服務特性,消費者在面對各行業(餐旅業、流通業、技術服務業)的服務時,就會面臨參與這項服務時的角色扮演,有深有淺,以下是針對不同的行業,消費者參與的項目說明:
	餐旅業	在餐旅業是非常明顯的,例如自助餐消費者要自己取餐盤、取菜都需要親自參與,尤其是麻辣火鍋更是需要消費者的參與才能完成服務流程。對於旅行業若是自助旅行更是高度參與,若是遊樂區則屬於低度參與者。
	流通業	以大賣場為最具代表性,因為大部分都是採取會員制,故消費者提供有限個人資訊,是必須的參與性行為,因為這部分的資訊是要用來指引企業服務的方向及內容。
	技術服務業	三師(律師、醫師、會計師)為技術服務業的代表性行業,當然其他的行業亦會因為具有消費者互動,而存在於本項服務的特質,尤其是管理顧問業,是具有腦力密集的特質,同時又需要不斷處理大量的客戶資料,因此其管理技術的方向來自兩個方面:一是電腦化系統以及資訊網,另一則是藉由客戶參與的資訊互動及需求訪談而來的。至於一般休閒場所提供消費者技術設施,而由個人準備使用的物品:例如打高爾夫球,消費者要準備個人球具,才能完成服務流程;游泳也是一樣,泳衣、泳帽及蛙鏡都是游泳池的個人必備物品。

（續）表10-1　不同角色環境的需求面

參與者角色		角色內容說明
共同生產者		透過消費者參與服務的生產過程，企業才會有完整的流程服務提供，其過程中消費者對於共同生產的五感行銷認知，必須是簡單而且明確的，否則第一線服務員不在身邊時，帶來消費者的任何服務不便，就會造成服務品質的嚴重考驗。以下是共同生產者雙方參與的項目說明：
	餐旅業	最具代表的餐飲業為冬天非常盛行的吃到飽的自助火鍋店或牛排店，從事先到櫃檯結帳開始，共同生產者的消費行為即已發生，緊接著拿菜、調整火候、調整配料、甜點等整套服務流程，皆由消費者扮演生產者的角色，當然消費者喜歡這氣氛及價格獎勵是消費者願意扮演好共同生產者的角色。
	流通業	因有實體的設施提供及服務消費者的店員，但因屬共同生產者的消費行為，明顯的服務作業會是被動，而此時企業就必須提供簡單明確的圖文作業說明手冊，當消費者需要時，適時的人員解說、視覺引導、現場示範等皆可教育消費者如何正確的參與消費、得到好處、節省時間。
	技術服務業	銀行將取款、存款、轉帳及帳目查詢等業務轉由ATM處理，此時消費者因為貪圖方便及滿足自我控制的欲望，在完成服務的過程中，已經成為生產的一份子。
自助服務		因為機械自動化及資訊科技的有效帶動下，消費者透過機械設施提供的服務，就是自助服務的主要項目，而這降低了員工的工時、服務的成本，更可擴大企業的點線面，而消費者也是可以透過服務的傳遞過程中感受到知覺控制的情境體驗。以下是自助服務的項目說明：
	餐旅業	自助旅行、電影訂位，這些企業雖然可以用最少的資源提供服務，但乃須考量消費者要有一些基本的知識，例如網路知識。
	流通業	網購，雖然企業可以用最少的資源提供服務，但企業資源降低以後，提供消費者的回饋機制，同時為了因應服務缺口，企業的復原支援系統，反而變得更重要。
	技術服務業	網路電子服務，例如高鐵訂票、電影表演場所選位訂票等，都是拜新科技的服務。

機械自動化及資訊科技的有效帶動下，消費者透過機械設施提供
的理財中心服務

　　若再從供給面來看服務的角色，服務流程中有顯性及隱性的角色
提供者，而顧客在過程中會接受到不同的傳遞服務訊息，例如有哪些
人提供服務、在哪裡執行業務、服務的時間規劃、場域的形象氣氛、
產品提供的角色等，而這些都會是針對環境的供給面及整合三大服務
行業的角色扮演（如**表10-2**）。

　　消費者對服務流程具有一定興趣與瞭解，不希望僅僅被動地接
受服務，更希望能參與服務的具體流程，使自己能夠在服務中真正融
入其流程中，因為消費者自己承擔一部分工作，以節省時間、減少費
用，並獲得更大的消費自由。消費者希望能夠主動規避服務的高峰期
和擁擠的服務設施，這種消費行為會有助於服務產能的動態平衡，並
使服務更符合自己的偏好。

表10-2　環境的供給面

供給面角色	環境的供給面	
從人的角度	服務業大部分的消費環境是由人來完成，所以高素質的員工是服務業的基石。	
	餐旅業	領隊、導遊、司機、點餐員、收費員、清潔員、廚師、後勤支援
	流通業	店員、維修人員、後勤支援、中央調配
	技術服務業	技術服務人員、專業服務人員
從事的角度	服務流程是整合大部分人力與產品的相關事務。	
	餐旅業	提供餐飲及遊旅套裝的服務事業
	流通業	提供產品上架或產品托運的服務事業
	技術服務業	提供顧客問題及消費需要的服務事業
從時的角度	完全是以消費者供需的角度去設定這部分的服務時間，而其結果為滿足消費者的使用需求。	
	餐旅業	提供消費者用餐的時間，但有時為了因應環境需要，就有二十四小時的服務時間
	流通業	服務時間以消費者及節慶而會有所調整
	技術服務業	顧問或專業服務，大都是以時間計費，所以時間對消費者或顧客而言是重要的
從地的角度	大部分的服務業都有場域的提供，而這也是大部分消費者都會有很多不能講的意見及想法。	
	餐旅業	用餐及旅遊環境的提供，是消費者決定要付多少價格的重要依據
	流通業	消費環境是流通業的重要設施，因為消費者需要從潔亮的環境找到透明交易及安全確認
	技術服務業	定點或變動的服務地點，完全是由消費者決定
從物的角度	除技術服務業有專屬的消費者認知以外，其他服務業提供的是有形的設施或產品，並藉此取得服務酬勞。	
	餐旅業	餐飲服務及遊旅套裝等服務產品
	流通業	上架產品及產品托運等服務產品
	技術服務業	顧客問題及消費需要等服務產品

二、服務場景模式

透過Bitner服務場景模式中客觀環境:「周遭情境」、「空間/功能」、「標示/裝飾」三大類實體環境因素,可以塑造人們整體環境的觀感,也就是建立知覺服務場景,而知覺服務場景常被用來辨認、推斷其服務的水準及內涵,是顧客選擇消費服務與否的主要依據之一。所以對服務環境的場景模式設計和創新,對大多數服務業來說,是極為重要的一門功課,但除非是跨國性連鎖企業或集團企業,因擁有人才或資金的投入,所以其服務的環境設計,會因地制宜很自然地透露出其核心訊息,例如有形的硬體服務,如超商、賣場、車輛、制服及場景燈光或顏色設計等,都代表了各種美學的、社會性的和系統性的特徵。但若非集團性的服務業,則相對而言會是件不容易的工作,服務場景模式可分為具體可見的有形場景及抽象層次的無形場景(如**圖10-3**),以下就針對服務場景模式分項說明。

有形的部分則屬實體環境所創造形於外的場景呈現,是可以增強企業提供消費者接受服務的流程。**表10-3**為有形的服務場景說明,例如環境狀況,如場所布置、空間配置、場址挑選及動線設計);空間,如布置、裝潢、設備等;標幟,如簽名、個人專用品、裝潢特色等。

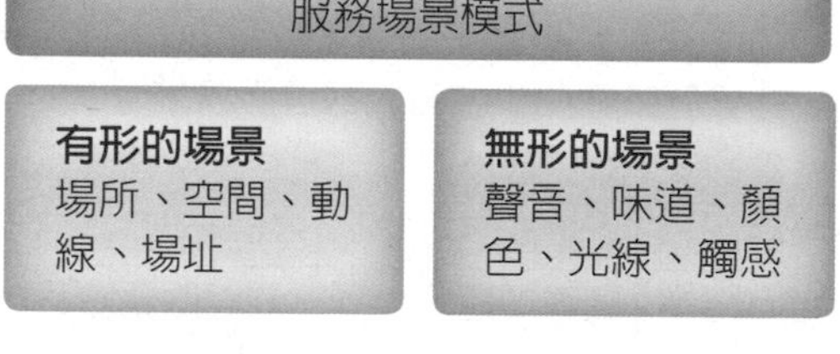

圖10-3　服務場景模式

表10-3 有形的服務場景模式

有形的場景	具體可見的場景模式說明
場所布置	依過去針對各行業的研究發現，消費者對於商家提供的店家，其設計與消費滿意度有顯著的正面影響，換言之，對其服務產品的銷售成績亦有顯著影響。
空間配置	服務業的環境空間配置，往往是對消費者感性認知的一環，因為那是重要的內隱指標，例如建築外觀、停車場、用餐區、等候區、消費地點等，都是消費者的滿意度的感知。
場址挑選	依消費者方便性認知發現，某些特定的服務場景，例如電影院座椅舒適度、遊樂區電力設備、餐廳環境清潔等，這些都會影響消費者對品質的感知，同時也影響他們對服務場景的滿意度。
動線設計	從消費者的感知出發設計的動線，並規劃出最適合服務傳遞的實體環境空間，如此才能符合消費者消費的需求，也使得服務人員在工作時能有最順暢的流動，並增進工作的效率。

　　至於無形的部分則屬實體環境所創造，或者是該企業的習慣表現於外的場景呈現，這也是可以增強或抑制消費者與服務人員的心情及行為。**表10-4**為無形的服務場景說明，如溫度、空氣品質、噪音、音樂等；空間，如舒適布置、顏色裝潢、照明設備等。

表10-4 無形的服務場景模式

無形的場景	抽象層次的場景模式說明
聲音	當音量增大，顧客所認知的環境擁擠度會上升；另外，餐廳中所放的音樂種類也會影響顧客的食慾以及用餐的速度，潛移默化的影響顧客花費時間和金錢。
光線	因應不同的消費環境，例如柔和的燈光下氣氛用餐、明亮的燈光下安全購物、閃爍燈光下的狂歡派對，在在都說明燈光的使用無形中會影響消費者的認知。
味道	依學術研究證實，消費者的嗅覺的確會影響消費決定，例如商店內有無施放氣味或具有一致性，如果和消費者的消費行為有正相關，並確實能夠影響消費者的消費決定。
顏色	服務場域的顏色和燈光、氣味有相當的關係，所以顏色往往是呈現形象、品牌的重要識別材料，而且是必須透過燈光才能更突顯其設計的質感。

（續）表10-4　無形的服務場景模式

無形的場景	抽象層次的場景模式說明
觸感	在五感行銷中，唯有觸感才能真正吸引消費者的體驗消費，而這觸感才能在所有服務流程中，具備有忠實消費者的情感及記憶。

　　服務的場景設計，不論其有形或無形，目的就是為了吸引顧客上門消費，因為良好的服務場景設計，可提高消費者對使用服務設施的欲望，包括標示、顏色、聲音、味道等因素。這些對形塑消費者期望、區別公司品牌、達成消費者與員工目標及影響消費者消費經驗而言極為重要（Bitner, 1992; Sherry, 1998a）。

　　服務場景同時影響顧客及服務人員，尤其是員工也會對服務場景造成很大的影響，甚至使整個服務環境產生變化，所以藉由內部的訓練，讓員工瞭解環境因素，如音樂、氣味、擺設方式等對顧客的影響，才能夠共同設計有效刺激顧客消費欲望的物理空間。

機場以明亮的燈光及清晰的指標為旅客營造服務的場景設計

三、環境設計

能夠整合服務角色及場景的環境設計，才會是影響服務環境的關鍵因素，但要成爲一家高品質服務企業，服務業仍需回歸到「有特色的實體特性」及「有特色的形象個性」，才能夠突出於服務產業並找到自己的定位（如**圖10-4**）。

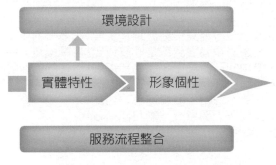

圖10-4　服務角色及環境設計

而要將這些服務的「特性」與「個性」在面對高度競爭的服務產品市場中，能夠將技術性和創新性納入服務環境的設計，會是一個非常重要的關鍵因素。**Kotler**認爲服務環境應該涵蓋——視、聽、嗅、觸等四項知覺可以感知的相關環境因素：(1)視覺知覺，如顏色、亮度、大小、形狀等；(2)聽覺知覺，如音量、音調；(3)嗅覺知覺，如氣味、新鮮度；(4)觸覺知覺，如軟硬、平滑、溫度。**表10-5**就針對服務環境的設計，嘗試由不同行業別進行實體特性及形象個性之說明。

表10-5 環境設計的「實體特性」及「形象個性」

	實體特性	形象個性
餐旅業	以自助式服務環境為本業主體說明,其產品或服務的實體設施,必須要有以消費者為創意的設計,如此才可以支援服務定位和區隔策略,並強化消費者滿意和達到吸引消費者等特定的行銷目標。	餐旅業完美的品質境界,常常為消費者提供絕佳的口碑行銷機會。
流通業	流通業的互動式服務,大部分是可以透過實體環境的精心設計,及品牌與形象的強力突顯,如此是能夠同時達成內部組織目標和外部行銷目標。	流通業的行銷,因價格競爭外就屬增值服務的形象,以上的服務環境設計,往往仍需依賴品牌的連結,才能突顯其形象個性。
技術服務業	遠距服務在服務業日益顯現其重要性,透過消費者看到或是經歷遠距服務機構的實體設施,因為技術服務業至此已經打破時間及空間的限制,消費者會給予高度滿意,如此更能達成員工滿意、激勵和作業效率等組織目標。	大部分的技術服務業,因其專業與技術的內涵,其形象塑造的首要目標,就是提升消費者的信任與承諾。

　　服務環境的設計,是否讓顧客、員工或者是顧客和員工同時出現在服務基架中,也決定了服務機構想要透過實體環境達到的目標。在自助式服務環境裡,創意地設計實體設施可以支援服務定位和區隔策略,也可以強化顧客滿意和達到吸引顧客等特定的行銷目標。至於遠距服務,則應以達成員工滿意、激勵和作業效率等組織目標,為實體環境設計的首要目標,因為很少有顧客會看到或是經歷遠距服務機構的實體設施。至於互動式服務,則可透過實體環境的精心設計來同時達成內部組織目標和外部行銷目標。

第二節　服務流程與供需

一、服務流程管理

　　所有的服務業，在面對消費者提供服務的本身就是一種流程的表現，當界定了服務環境要達成的目標之後，接下來是要詳細地描繪服務，該流程中的每位員工都能夠清楚地「看」到服務過程和相關的實體證據。而流程中卻包含著環環相扣的相依作業，因為只有將每一步驟做好，才能確保提供給消費者的服務品質，而且必須將過程中每一作業的細節及步驟敘述清楚，並將流程的服務內容設計於藍圖中。Shostack所發展的服務藍圖（service blueprint）是描繪服務過程和服務證據的有效工具，可以視覺化的方式清楚地界定人員、過程和實體證據，可以從服務藍圖看到服務提供的所有活動，有助於界定服務環境管理的機會和劣勢。而服務藍圖的組成架構有四項內容，如**表10-6**所示。

　　服務藍圖的基本功能，經過許多大型服務業的實務應用，確實可提升其服務品質，以下是五項服務藍圖的功能及用途：(1)作為發展服務流程的角本；(2)提升服務人員的參與感；(3)確保資源的有效安排及使用；(4)協助服務品質的控管；(5)服務創意的基礎延伸。

表10-6　服務藍圖的組成架構

藍圖內容	藍圖說明
1.服務流程	顧客所接受的作業過程及步驟
2.實體環境	顧客在各作業過程及步驟中使用的設施及空間
3.工作重點	在各作業過程及步驟中，服務的工作任務準備
4.權責單位	各作業過程及步驟的主要執行單位

香港觀光纜車搭乘的方案票價多元，良好纜車購票服務流程設計
得當，減少遊客購票時等待與凌亂之困擾

首先我們藉由學者Silverstro、Fitzgerald和Johnston（1992）歸納整
理過去文獻（1992年之前），所整理出來之服務流程的六大構面如**表
10-7**所示。

表10-7 服務流程的六大構面說明

六大構面	流程的構面說明
1.設備／人員導向	設備導向的服務例如去KTV唱歌，服務是透過KTV影音設備來提供，服務人員並不是重點；而人員導向就像是醫療照護、教育、修理工這類的服務，主要是由服務人員提供為主。
2.消費者接觸強度	客戶接觸強度可以從兩個層面分析（單次接觸的頻率／和接觸的頻率強度），像是顧問業就是一種客戶接觸強度高的工作，上述任意兩個構面都可以被組成two-by-two的架構。
3.客製化程度	高度客製化的服務會用專案（project）的形式進行，case by case，而越是標準化的服務流程會越是固定。

（續）表10-7　服務流程的六大構面說明

六大構面	流程的構面說明
4.服務人員可以提供給客戶個人化需求的程度	家教老師就是其中一個可以高度判斷並且提供消費者需求的例子，學生一有什麼問題就可以向家教老師發問。顯而易見，一般餐廳服務生有決定權提供客戶個人化需求的程度則不高（不然「叫你們的經理出來」這句話就不會這麼耳熟能詳）。
5.前／後台的服務加值	前台導向意義是主要的服務活動都是透過前台的服務人員達成，而視為前台服務加值，如按摩、剪髮業提供的服務價值給消費者的是第一線接觸的員工，而餐廳則是後台服務加值的形式，主要的服務提供者是廚師的廚藝，前台侍者則是媒介的角色。
6.產品／流程導向	產品導向的重點在於強調「客戶買了什麼」，流程導向則是強調「客戶怎麼買」。

　　透過以上的六種服務流程構面，組合及轉化出服務業不同的典型行業，並且透過整理歸類服務業的三大產業類型，以實務論述分別說明如**表10-8**。

表10-8　三大產業流程構面說明

供給面角色	餐旅業	流通業	技術服務業
設備／人員導向	服務是透過場域提供的產品	流通業亦是透過場域提供的產品	技術服務業則是由服務人員提供為主的產業
消費者接觸強度	餐旅業大部分是單點接觸強度不高，但因此接受品質會在關鍵時刻	流通業亦屬單點接觸強度不高，但因此接受品質會在關鍵時刻	技術服務業則是一種客戶接觸強度及多頻率接觸的服務工作
客製化程度	餐旅業是相當程度的標準化服務流程，所以客製化需求高	流通業是提供消費平台場所的標準化服務流程，所以客製化需求也高	高度客製化的技術服務業會用客製化的形式進行

（續）表10-8　三大產業流程構面說明

供給面角色	餐旅業	流通業	技術服務業
服務人員可以提供給客戶個人化需求的程度	餐廳一般是個人化需求不高，但有些特殊旅行社仍有客製化的產品服務	流通業則為個人化需求不高的產品產業	技術服務業是具有高度判斷並且提供消費者個人化需求的服務產業
前／後台的服務加值	餐廳與旅行社都是後台服務加值的形式，而前台只是媒介的角色	流通業則為前台服務加值的形式，而後台則為後勤作業	技術服務業則是前／後台的服務整合加值
產品／流程導向	以提供企業製作的產品為主	以提供企業製作的產品為主	以專業的知識提供給有需求的消費者流程產品

　　雖然我們可以透過服務藍圖去瞭解服務所扮演的角色，並分析出流程可能的改變和改善機會。但要描繪出可用的服務藍圖，首先必須從已經相當成熟的工廠標準作業流程，分析其工作及進行操作的流程，並加以比較兩者之間的差異（如**表10-9**）。

表10-9　服務藍圖與作業流程差異說明

藍圖內容	服務藍圖	作業流程
服務流程	消費者所接受的作業過程及步驟	工廠生產是標準產品，所以每一作業程序都是由人來操作，所以其標準作業流程會是企業的核心競爭工具
實體環境	消費者在各作業過程及步驟中使用的設施及空間	作業中每一重要步驟，流程中都會放入實體照片或操作畫面，以降低直覺操作的失誤
工作重點	在各作業過程及步驟中，服務的工作任務準備	工作重點會以流程中每一流程端點詳細說明其操作的每一步驟
權責單位	各作業過程及步驟的主要執行單位	作業流程的權責單位的設計方式，基本架構與服務藍圖非常相像，都是隨著流程設定其部門或單位

　　不論是服務藍圖或作業流程的設計理念，其操作分析的基礎，都是建立在明確的分工流程上，雖然其流程看起來很相像，但服務藍圖有一項獨特特徵與作業流程有很大的區別，就是在服務藍圖內加入可見線及互動線，區分出消費者看得到的部分（高度接觸）及看不到的部分（低度或未接觸）。

　　簡單扼要的服務藍圖，可分為以接觸點描繪服務藍圖制定，及明確的服務標準程序及操作規範，希望讓讀者對服務藍圖基本認知有一概念，其概念圖如**圖10-5**、**圖10-6**。

工作人員 簽名報到	泰雅文化	櫻花賞鳥	閉幕及路 跑報名	開幕及腳 踏車報名
工作人員 服裝檢查				接受報名 事項
中心環境 清點打掃				活動環境 清潔
依班表 工作分派				溫泉體驗 諮詢
旅客到中心	一般活動 諮詢	一般服務 事項	比賽收件	提供產業 超值情報

圖10-5　服務藍圖概念1

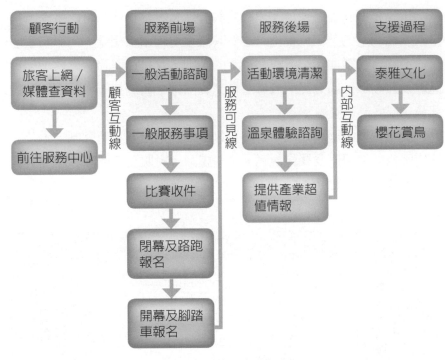

圖10-6　服務藍圖概念2

　　以上兩者之間最大的差異點，為流程藍圖可見線及互動線，今以第二種的服務藍圖為主說明，大部分的服務業流程藍圖，實際上都是可以提供消費者更多實境的消費體驗，並協助企業或消費者找到提升服務品質的解決方法。

二、服務供需管理

　　服務業的服務過程，大部分的作業都是依靠服務人員、設備、店鋪及材料完成，也就是說，大部分的服務成本都是由用人費用為中心的成本結構所構成。所以提升產能（能力不足對策）及降低需求（防止空閒戰略）是因應供需失衡的兩大重要策略。服務業提供的產能，

因不可儲存的特性而受限制，並導致需求不易預測，而且不能以備未來使用或銷售，消費與生產同時進行的商業特性，又是服務業發生供需之間的主要落差，因為這是消費者的需求服務時間與企業的供給體制脫節所引起的供需失調，不管是超額需求或產能過剩，在服務業都需要被有效的管理。

當需求大於產能時，降低需求提高有效產能。超額需求（導致生意無形損失）需求超過最適產能（服務品質下降），由此可知消費者的需求被有效管理是必須的。因為需求過量產生後的執行能力及服務品質，企業是需要提供對應的服務策略，例如消費者參與、多工訓練、派遣零工及策略合作等，**表10-10**提出有關供給特性的詳細說明。

表10-10　供給特性說明

供給管理	供給特性說明
消費者參與	自助型、共同型
多工訓練	彈性服務、專業職能
派遣零工	非專業、專業
策略合作	投資分擔、提升產能、顧客滿意

相反的，當產能大於需求時，提高需求降低無效產能。需求不振（導致影響收入損失）產能超過最低需求（資源浪費），這時候會發生人員閒置沒有產能的嚴肅問題，因為服務業具有以固定費用為中心的成本結構，所以，依靠擴大銷售來減少空閒的空間，因為如此才能把空閒時的固定費用降低下來。**表10-11**為需求特性說明。

表10-11　需求特性說明

需求管理	需求特性說明
價格誘因	地區、文化、季節
差異行銷	淡旺季、區域、尖離峰
創造需求	互補性、整合性
時間預約	需求計畫、時間空間互動

　　綜合以上服務業的供需管理特性說明之後，爲了讓大家更容易瞭解，我們從消費者角度去探討需求不穩的服務策略，而策略是由人與機械設備相互應用的解決方案，**圖10-7**是供需架構圖及利用**表10-12**從供需角度說明三大行業之需求與供給。

　　生產與消費之同時性幾乎是所有服務業共同具有的經營特性之一，就是其服務商品的生產與消費，係同時進行，而且又不能有庫存。這是運輸通信、資訊、教育、旅館、餐廳、醫療、休閒等任何行業，都共有的經營特性。至於批發、零售、房地產及證券等近似貨品的服務產業，雖然其所含有的貨品部分是可以庫存的，但是，其他屬於無形服務的部分，企業還是會有服務庫存的困擾。

　　要判斷及計算其供需數量，最重要的事，也就是要推動現場的服務之資訊化，並提供相關的服務，把固定消費者及再光顧消費者的比例提高了。管它是否科學，還是不科學，既然要把供需失調的情形減少到最低的程度，提升服務業在經營上的治本問題，就要使這種知覺能力，經常都是很敏銳的，而且需求的猜中率高，這也是經營者及管理者必須具備的重要能力。可使預測的準確度提高爲第二種方法，簡單的說，就是利用科學的、統計的預測值，來補救知覺能力。

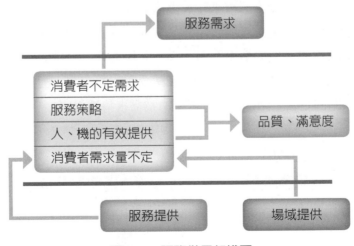

圖10-7　服務供需架構圖

停車位在都市裡常出現供不應求狀況

表10-12 從供需角度說明三大行業

行業別	需求	供給
餐旅業	消費者的產品需求、時間不易被控制，企業必須具有服務需求策略才能解決需求不穩的問題。	服務的數量是無法用儲存方式來調整的，以致於無法提供最有效的服務組合。而要解決這部分的問題，就必須善用人的資源調節及提供自動化的機械，滿足尖離峰的需求差異。
流通業	消費者的產品需求、時間不易被控制，企業除了提供產品的價格策略外，更需要非產品策略的親切服務。	面對銷售旺季，產站可以適時備貨，但服務人員可以從人力市場大手筆召募，要注意的就是標準作業及服務品質的要求。
技術服務業	消費者的服務需求、時間不易被控制，服務的項目是非常明確的。	有多少需求，才會產生適量的供應者，這時亦可提高更多的消費者參與度。

　　因應供需情形失調的戰略，可以大別為防止空閒與對付能力不足的戰略。而防止空閒的戰略有兩大途徑：一個是依靠擴大銷售，來減少空閒的空間及時間；另一個係把空閒時的固定費用設法削減。就是盡可能的把勞務費用轉變為變動費用的方式。也就是把正式人員的比例，抑制到最小限度，其餘人員則以臨時計時僱用的、兼差的，以及由外包的方式來執行運輸、住宿、體育、休閒等業種有關連的業務，採用自動化的裝置。因為我們知道，把消費者情報以較大的單位來做統籌處理，對於解決供需情形失調問題，是會有很大幫助的。

漢堡王與鮮芋仙都是以不斷創新的營運標準作業，最重要的就是會從服務人員與消費者落差找出解決方案，更有店經理會根據銷貨量來計畫訂貨，到煎肉餅的手法及撒鹽的角度，並把每一項營運的細節都完整的記錄下來，以維持品質、服務及衛生的一貫水準。

Chapter 11

服務業人力資源管理

前 言

服務人員的行為（behavior）及態度（attitude），是服務業人力資源的重要管理項目，由於消費者對於服務人員態度之感覺是最直接的，而這些態度包括服務意願、敬業精神、言行舉止、禮貌及自信心等。因此，服務人員的行為及態度，可以說是服務品質極為重要的特性。

企業推行的人力資源管理，是可以有效提升服務人員的從業素質，並成為企業營運的重要資源，因此有些企業會與學校、訓練機構聯盟，以取得所需的策略聯盟人力資源。一般而言，企業若只擁有單一資源並無法形成競爭優勢，必須與其他的營運資源整合後，才能成為重要的策略性整合服務活動，例如作業流程、資訊科技、管理能力與人力資源等要素。當企業持續地運用策略性資源，增加其能力，將造成競爭對手難以學習與模仿。

員工是不是公司的資產，也可以從知識工作者的角度去探討，因為掌握知識即擁有資產，是現代產業競爭的重要策略，尤其在急速改變的二十一世紀勞動力市場中，知識型員工將愈來愈成為服務業的主力，但要成為公司的資產，知識工作者必須有以下幾點：首先是服務態度，當員工是資產而不是負債時，代表著他有創造企業的價值及機會，所以重要性不在話下。接下來則是員工的潛能啟發，尤其在消費者要求不斷改變的服務環境下，服務創新會變為最重要的潛能發展趨勢，例如旅遊達人就是因應國際旅遊差異化及風格化服務，應運而生的商業運作模式，進而才可以帶給消費者不一樣的感受。

服務業是以人為主而進行商業操作的產業，而服務品質的界定，可藉由之前所說，服務品質是由顧客認知來決定，也就是顧客對「事前期待」與「事實評價」兩者之間的缺口來界定「服務品質」，雖然仍有服務標準不易訂定的盲點，但增加服務人員「事實評價」的工作

效率與生產力，及提升服務的專業素養並改善服務場所的工作態度，是可提供長期的教育及專業訓練的機會成本，才能進而增進組織及個人成長的空間。

　　服務業人力資源管理，是可以經由一系列教育與訓練，激發員工潛能，達成增進員工工作尊嚴與成就感。以上的管理構面會是員工歸屬感的重要指標，但歸屬感的形成是由淺入深、漸進互動的過程，其影響因素為有效溝通及公平環境，除了這些因素外，有形的合理薪酬，卻能夠實質確保員工不辭職，以及員工的工作積極性。最後人力資源則有靠目標管理、教育訓練、職能啟發、公平升遷、工作情感及環境尊嚴等有效管理，才能有效協助企業完成目標。

第一節　員工是服務業的資產

　　服務業是以人為主的行業，雖然企業已制定完整的營運策略與服務標準作業流程，但如果不能落實，就無法確保服務品質臻至完善，所以服務業的人與品質是有極為密切的關連。「人們為什麼要和IBM打交道，在過去可能是因為IBM的硬體，而今關鍵點是，IBM其實是擁有一群精英大軍，而這才是IBM的重要資產」。故企業要談到員工是不是服務業的資產，除了IBM的知識型員工外，Apple的賈伯斯與蘋果幾乎是劃上等號，並運用其創意知識，將時尚融入科技，因此風靡全球，並贏得蘋果教主的封號，這從消費者的角度來看，Apple能夠善用及整合企業的人力資源與運作，賈伯斯絕對是資產而非負債。同時亦可由一句話來說明：「能夠幫公司賺錢的員工或流程就是資產」。**表11-1**中分別以生產（服務流程）、行銷及人力資源三個方向來論述員工為資產的定義。

表11-1　員工為資產的定義以企業運作構面說明

企業運作構面	構面說明
生產面 （服務流程）	從製造業來說就是生產，但從服務業來說應該就是服務流程，設備、廠房、原物料、成品、半成品皆是生產面的重要原素，只要按時生產客戶需要的產品，而且是品質好的產品，都是能夠幫公司賺錢，其中作業人員扮演重要的角色，若換成服務業，實體環境與流程就和製造業沒有兩樣，唯獨服務業的基層員工更需具備知識型的職能。
行銷面	對製造業或服務業來說，行銷面的策劃、執行、評估在初期是花小錢，但中後期則在有形或無形方面都會是賺大錢，無形方面可說是企業形象或社會公益，而有形方面則是提升產品銷售、銷售營業額等。
人力資源面	服務業是人力密集的產業，故在人力資源的策略上，例如選才、育才、用才、留才，雖然無法用賺錢來衡量，但最起碼可以讓企業少花錢於新人的教育訓練上，若選到優秀人才，幫公司賺進大把的錢不是不可能的事。

　　企業要永續經營就必須談人力資源，因為資源應用的恰當與否，往往會影響企業的競爭能量。Lockwood和Andrew（1994）指出，持續傳遞優良品質的服務人員對組織、工作環境皆將有正向的回饋，例如：服務績效的改善、士氣的提升等，不但可以帶動企業內部對服務品質的正確認知與確實執行，也會因為良好的口碑而吸引更多優秀的服務人員加入組織，形成良性的循環，而其基礎是奠基在「良好的人力資源」之上。

　　為什麼？2010年素人旅遊達人帶團的案例愈來愈多，其風格化、故事化的旅行方式，能夠帶給消費者不一樣的感受。因為「達人經紀」的每一位成員，都能發揮參與者的特質，這些人是服務業的重要資產。因為優秀、具有獨特風格的人，很多消費者都能夠認同一位「素質好的員工」會是重要的資產。台灣宏達電的核心賺錢機器是散布全球各地的研發團隊，他們用知識創造全球智慧型手機核心技術，在台灣他們是手機品牌的第一名，而這團隊的每一隊員都是企業的資產。

　　二十一世紀勞動力市場的急速改變，知識型員工將愈來愈成為服務業的主力軍，尤其在「兩岸經濟合作架構協議」（Economic Cooperation Framework Agreement, ECFA）簽定後，以國內市場為服務目標的第三產業，在協議簽定的時間緩衝及適應期、轉型期；政府必須致力於將服務業的餅做大，尤其在中國的市場外，更要引導服務業走向全球經濟，走向區域整合，台灣勢必要加緊腳步跟上全球脈動。**表11-2**為產業鏈對於資產的定義，提供讀者作為參考。

　　彼得‧杜拉克（1959）獨創了「知識工作者」一詞，而且很明確提出知識型員工是不可以命令、不可以指導，唯一可以做的事情就是要協助他能夠「做對」的事。因為「做對」的事才會有績效表現，知識型員工讓他自己領導自己、讓他進行自我經營、自我管理，使他願意不斷提升高度，從而做出貢獻。目標管理和自我控制是彼得‧杜拉克真正的精神所在，因為這體現了他的管理哲學思想，是落實到每一個人生活上、工作上；而且還能夠使他變成一個對外界有貢獻、對客戶有附加價值的人。

　　就品質的定義而言，可以說它是一種能令消費者或使用者心滿意足，並且樂意購買的產品或服務，其追求的不只是產品品質、服務品質，更是一種良好的工作品質人力資源。CWQC全面品質管理的人力資源，包含建立團隊合作的環境、授權及強化員工能力及提升成員士氣。當資訊時代來臨時，過去依賴的土地、資本、勞動力已經變得不重要，相對重要的是知識。可是知識最不容易掌握、最不容易變成生產力。**圖11-1**為知識工作者的資產架構圖。

表11-2　產業鏈對於資產定義

產業鏈	內容說明	資產定義
第一產業鏈	農、林、漁、牧業時代	礦產、原料及採礦或耕種之工具設備
第二產業鏈	工業時代	標準程序及生產廠房或設備
第三產業鏈	服務業時代	服務流程、服務人員或自動化設備

圖11-1　知識工作者的資產架構圖

　　綜合以上的員工與資產的整體說明，可以將企業內的人力資源歸類為永續經營的重要資源，尤其在以人力為基礎的服務業，為了企業正常運作，因此會到各人才召募地、學校及訓練場所，爭取更多的人力資源。但對於人力市場而言，人力不能轉化為人才，則企業無法用知識型員工聘用，也就很難用知識協助企業的競爭優勢。

第二節　服務人員的重要性

　　「人才是企業最寶貴的資產」，如何讓人才在工作上發揮績效，一向是企業主管所重視的，因而人才的培訓也是企業提升整體績效的一項投資。事實證明，越是重視人才培訓的企業，其長期經營的績效越高，人員的流動率也越低，並且更認同企業的文化及經營理念。人是推行工作的主角，一個組織即使擁有再好的制度、設備，若缺乏高素質的員工，一切免談，所以好的服務人員才是組織中最重要的資源（如圖11-2）。

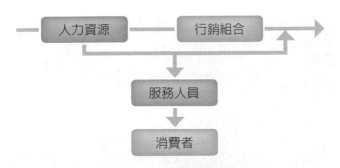

圖11-2　服務人員重要性關係圖

　　以政府為推展全民體育的政策來看，要蓋一座或幾座市民運動休閒活動中心，依現在的營建能力絕對不是問題，因為那只是用資本堆積起來就可，但在營建完竣後，我們面對場館經營的問題，就務必要擁有這方面的管理人才，方可建立有效的團隊長期服務市民。在這過程中，地點的選擇尤其重要，而且這是需要專業人員及充分的在地統計指標，才能加以評估找到適當的地點，若只為了非市場需求決定選址，那只是另一座閒置空間而已。

　　我們常說製造業品質是工廠製造出來的，而服務業的品質卻是由人做出來的，故可從人力資源及服務行銷的角度來衡量服務人員的重要性，利用**表11-3**的服務簡表，加以說明餐旅業、流通業及技術服務業其論述的重要性。

表11-3　不同行業服務觀點論述

行業別	人力資源觀點	服務行銷觀點
餐旅業	態度	高接觸服務、關鍵服務時機、不可分割的服務
流通業	態度、動機	高接觸服務、關鍵服務時機、企業形象代表
技術服務業	知識、技術、知識有價值、技術稀少及難以模仿、微笑態度、創新思維、不可取代	低接觸服務、關鍵服務時機、知識有價值、技術稀少及難以模仿、微笑態度、創新思維、不可取代

獨木舟為現代休閒水域活動推廣的重點，若要達到良好的推動須
有好的技術人員

　　服務人員在人力資源及行銷組合的範疇中有其程度不一的重要
性，但就服務業的日常用語中，第一線的服務人員與消費者，時常會
有高接觸互動服務的機會，也因此有時服務人員面對顧客稍有閃失，
企業就需大費周章去執行復原措施，所以必須就服務人員應有的知
識、技術、態度、動機等特質，加以掌握與運用，則企業相對會取得
較好的優勢。服務金三角——員工、顧客還有企業，是消費者在服務
的過中感受得到，但有些看不見的後場管理，卻常常因前場的有形表
現，而感受到後場管理的結果，所以企業組織要設法提升內部行銷的
服務品質，在某方面來看，他其實是在塑造團隊的服務習慣。

客服總機人員藉由甜美親切的聲音與顧客聯繫

 ## 第三節　發揮員工的潛能

　　服務業的人力是影響企業成功與否的關鍵，所以如何激發其潛能會是企業重要的課題。例如新力公司有一種觀點，即只要能知錯即改、引以為戒，就還有可取的餘地。盛田昭夫就曾對屬下說：「放手去做好你認為是對的事，即使犯了錯誤，也可以從中得到經驗教訓，以後就不會再犯同樣的錯。」這體現了新力公司的寬容之心。正因為這樣，公司員工才敢大膽探索、實驗，發揮創意，充分施展出自己的聰明才智，才有新力今日的輝煌成績。

　　3M公司特別重視員工的創新與創意精神，公司管理者認為，「創新」是開發優秀新產品的必備條件。而最讓員工滿意的是，不管什麼人，只要他發明了一種新產品，或者當大家喪失了信心時他還堅持下去，或者他找到了成本更低的生產辦法，他就有權管理這種產品，而

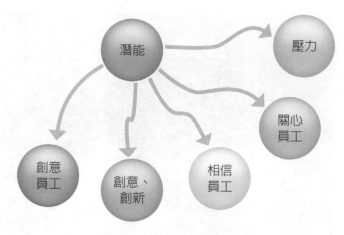

圖11-3　激發員工潛能來源

不論該產品原先是否屬於他的業務範圍。而且公司還准許員工可以擁有部分時間，用來做他們喜歡做的創新計畫。以上這些例子，都是在告訴大家員工的潛能發揮，是以信任為最主要的基調，而這些正是技術服務業最不可或缺的管理模式（如**圖11-3**）。

「激發員工潛能」不僅是句口號，而是老闆必須真正做些事鼓勵、支持員工，讓員工願意付出一切發揮創意、嘗試創新的計畫，最終為公司帶來豐厚的利潤。常言道：「知識就是力量。」但其實不是這樣，真正有力量的是如何運用知識。那麼你提供了什麼樣的訓練規劃來幫助你的員工學會新的知識，並且能夠有效地使用它們，這也是顯示企業關心員工的方法。同樣的，在保持員工積極性上，企業往往會疏忽要用同理心去相信員工的工作及行為，以激發他們最好的表現。

第四節　服務業教育訓練

　　Noe（1999）指出無論有形或無形的服務業，只要是以人為主體的服務產業，教育訓練絕對是必要的，尤其在過去，訓練與發展並不被視為能夠幫助組織創造價值並成功達成競爭優勢的活動，但在人力資源日益受到重視的今天，這種觀念早已不復存在。企業為了追求永續發展，無不絞盡心思，希望透過人力資源管理的各項功能以提升組織的競爭力，而教育訓練在這其中扮演著尤其重要的角色之一。例如麻省理工學院的教授Thurow即認為，下一世紀勞動力的教育與技能最終將成為主宰競爭優勢的利器（李漢雄，2000）。

　　目前在國內，經濟部中小企業處為了鼓勵企業從業人員不斷地學習與進修，而推行「終身學習護照」的做法，也顯示了教育訓練的觀念在國內亦相當受到重視。「教育訓練」係為提供知識、技術、能力與態度的學習過程，藉以提升員工的工作績效。第一線的服務人員在專業上的技術，教育訓練是可以培養服務過程中解決問題的能力，以及獲得目前工作所需的知識與技能，使得組織的成員達到預期的工作成果，而這一連串的教學過程，主要是以目前和未來的工作為導向而實施的訓練，其目的是為了提升人員目前或未來的工作表現，增加工作效率與生產力，增進專業素養，改善服務態度，促進組織和個人同時成長，以期達成組織整體的效益。而教育訓練的潛能構面，可由**表11-4**略知一二。

　　教育與訓練的意義，就是從內心的省思到外在的行動表現，以促使行為的良好改變（如**圖11-4**）。Wexley和Latham（1981）指出教育訓練的功能有：(1)提升自我角色；(2)增進個人專業技能；(3)提高工作意願。

表11-4　教育訓練的潛能

潛能項目	構面說明
組織目標	企業對於教育訓練,是以提升組織競爭力及永續發展為目標,因為知識透過教育的工具會變得有價值。
專業技能	專業與知識的技能,是要依靠不斷地回訓及內部創新,才能建立起不可取代的服務專業技能。
衝突與溝通管理	大部分的服務過程中,都會依據標準作業程序,有時候因為人與服務場域的某些失誤,造成作業上與消費者的衝突,這時管理就會用溝通解決問題,而且更需要用微笑的態度去面對。
服務相關知識	為了提供高品質及穩定的服務水準,落實資訊化與創新思維,是可以確保服務相關知識不斷地更新。

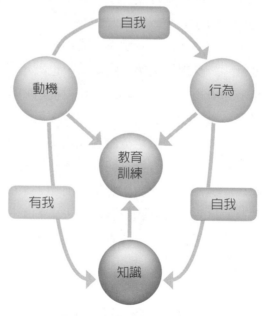

圖11-4　教育訓練方向圖

　　服務業員工進行教育訓練的目的,在使員工接受新的觀念、知識與技能外,更應培養員工建立正確的職業觀念,加強對公司的認同感,並能提升員工的工作士氣。美國訓練與發展協會(American

Society for Training and Development, ASTD）則將人力資源發展定義為「訓練與發展、職涯發展與組織發展三者之整合性用法，以增進個人、團體與組織效能」（McLagan, 1989）。

在上述的定義中，不難發現與人力資源發展息息相關的三個學習活動：訓練、教育與發展，此三者在字面與意義上極容易被大眾所混淆。而在國內對於這三個名詞中，以「訓練」的採用率最高，次為「教育」，而直接採用「教育訓練」的也不在少數，至於一般企業或提供教學服務的機構（如企管顧問公司等），則鮮有針對三個名詞再作進一步的分別（蔡菁菁，1993；簡建忠，1994）。而Nadler則對這三種不同的概念做了不同的定義，Nadler認為所謂「訓練」是指學習者對於與目前工作有關之學習；「教育」是指學習者對於與未來工作有關之學習；而「發展」則是指與工作無關，但卻和組織與個人成長有關之學習。Goldstein（1991）認為有效的訓練是建立在下列三點：(1)仔細的需求分析；(2)透過對學習經驗精確的控制，以設計訓練計畫，並達成教學目標；(3)以績效標準作為評估基礎。

台灣為了配合二十一世紀服務業的未來發展，培訓人力上必須要注重整體的營運目標，推動組織文化，提高品質，引進新技術，增加競爭力，強化員工向心力，激勵員工士氣，改善工作環境，並藉由教育訓練來解決問題，激發員工的潛能，應用所學到的知識，投入工作領域，並培養對工作的抗壓性及自我的生涯規劃，皆賴於組織和員工密切的配合。無論有形或無形的服務業，只要是以人為主體的服務產業，教育訓練絕對是必須的。

在未來的產業競爭中，人的問題已成為下一波的決勝關鍵。而如何使組織內的員工能夠發揮最大的能力，其最基礎的條件必是減少其例行性行政業務的負擔，而多從事具有策略性的行為。但在組織的實際狀況中，例行性的業務對於組織順暢運作又是不可或缺的，因此公司員工往往陷於例行工作的泥沼中。在此兩難的狀況下，資訊系統則扮演著十分重要的角色。企業經過資訊系統的導入與推廣後，可以將

較為瑣碎的行政事務利用資訊系統簡化流程，並增加業務效率，使得員工能夠爭取更多的時間以從事策略性之行為。此外，由於網際網路的發達，資訊系統在加入網路功能後所能影響的範圍變得無遠弗屆，在系統的整體功能上更是突破了以往時空的限制。

第五節　員工歸屬感

　　服務業能夠永續成長及具有競爭力，完全取決於誰擁有優秀的從業員工，尤其是服務業大部分的服務流程都是由服務人員來操作，如果員工的工作凝聚力不夠，而且是毫無歸屬感，則知識型員工其工作尊嚴與成就感，會是企業必須嚴肅面對的課題，同樣的，企業員工歸屬感的文化呈現，也會是員工是否認同企業的重要依歸。員工歸屬感構面說明如**表11-5**。

　　四成的台灣民眾都非常認同「素質佳的員工」是服務業最重要的資產，而消費者要求服務業提升水準，例如銀行業的服務水準一向受青睞，不管是專業度、服裝儀容，甚至是場所舒適度，水準都較為一致，因此，每年請民眾票選服務水準最高的產業，銀行業往往都能奪冠。

表11-5　員工歸屬感構面

潛能構面	構面說明
有效溝通	人際溝通專家發現：激烈的人際衝突，常發生在「對」與「錯」的爭執上，是許多人深信不疑的信條。但當衝突發生時，「輸贏」往往變得比「解決問題」還重要，然而有效溝通是解決問題的重要手段。
鼓勵	信任透過溝通協調才會有共識，而真正的共識：是給予員工尊重、肯定、關懷等鼓勵行為，並藉此來確立共同的目標。
合理薪資	員工的工作成就感，除了來自自我肯定外，就屬企業賦予的合理薪資，因為這牽涉到人的生活壓力平衡點，失去了這點，員工自己會去尋找出口。

　　104人力銀行認為，服務業大多是人際接觸，因而從業人員的專業度、親和力與工作熱忱往往是影響消費者觀感的重要因素，經過有效調查估算有四成（40.2%）的民眾認同「素質佳的員工」會是服務業重要的資產，而要讓員工有很好的歸屬感，則建立起有尊嚴、成就、文化的工作環境，會是企業的重要思考方向（如圖11-5）。

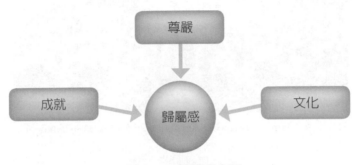

圖11-5　歸屬感來源

慈濟歸屬感

圖片來源：http://www.epochtimes.com/b5/6/5/14/n1318076.htm

慈濟現在全台灣有四百多萬會員，全球更是百萬大軍，而這些志工組織內部的管理機制，應從強化內部的運作流程與管理方法。換言之，志工的宗教向心力、凝聚力等都是人力資源管理的重要運用，這些對非營利組織而言，甚至比營利組織更需要管理的技術與理念。

圖片來源：翻拍自慈濟人雜誌

文章選讀　　員工是我最大的資產

　　小馬里奧特（J. W. Marriott, Jr.）是美國馬里奧特（又譯馬利特）國際公司董事長兼CEO。1956年，小馬里奧特大學畢業後正式加入自家公司，並主動要求主掌汽車旅館的事業。那年小馬里奧特才二十四歲，如今他已經七十一歲，公司也從一家汽車旅館發展成在全球六十五個國家擁有二千四百家飯店的規模，旗下十四萬名員工創造出年收入達二百億美元的業績。他繼承了父親的名字也繼承了父親的公司，但卻遠遠超過了父親。因公司的成就，小馬里奧特獲得外界許多的肯定。但無論是採訪或是應邀演講，小馬里奧特總是把功勞歸於員工，也就是他所說的「夥伴」。他一再強調的經營核心信念是：員工是公司最大的資產。

★員工是產品的一部分

　　在2000年底的一場公開演講中，小馬里奧特開宗明義指出，公司的競爭力就是員工。在新經濟中，員工不再只是產品的製造者，而是產品的一部分。對於不製造任何具體產品的服務業而言尤其重要，因為公司的員工以及員工所提供的服務，定義了公司產品的價值。

　　小馬里奧特舉例，公司飯店的一名服務生有一次送晚餐到客房時，發現客人正在房間中哭泣，詢問之下才知道客人的姐姐剛過世。結果，這名服務生向部門的同事募款，一人捐獻一美元買了一束花和慰問卡，大家都在卡片上簽名送給了這名房客。小馬里奧特解釋，那名房客的住房是公司產品，那名服務生關懷顧客的態度則是公司的價值。公司擁有這種價值的唯一方法是，有能力吸引、留住和鼓勵具有「服務精神」的人才。

★先僱用態度再訓練技能

　　小馬里奧特認為，留住好員工的第一步是僱用適合的人才。他說公司裡有一位名叫安妮的員工，專門負責打掃飯店的女廁所。那家飯店曾經收到不少房客來信，稱讚安妮負責的廁所不僅打掃得很乾淨，布置得也很得宜。原來安妮除了按照飯店的規定清理女廁，每天還會從自己家的花園剪下新鮮的花朵，帶到飯店女廁布置。小馬里奧特說，公司就是需要這種願意做超出職責範圍的事情，很重要的一個原因是，她的個性很樂於幫助別人，也很會打掃和布置環境。這也就是公司先用對了人，房客才享受得到良好的服務。

　　就因為用對人很重要，因此小馬里奧特先僱用態度，再訓練技能。他寧願僱用具有「服務精神」的人，花時間訓練他們工作上所需的技能，也不願意僱用具有工作技能但是需要糾正服務心態的人。小馬里奧特總結：「要教導一個人微笑很困難。」所以，公司讓員工擁有真正喜歡的工作，廚房團隊僱用喜歡烹飪的人，清理團隊僱用喜歡打掃的人。

★必須把員工當作顧客

　　小馬里奧特喜歡把對待顧客的原則套用在對待員工上。想要留住顧客，公司必須提供好價格加好產品。同理，想要留住員工，公司必須提供好薪資加上好工作。因為提供員工全套完整價值，馬里奧特的員工離職率名列業界最低之列。

　　小馬里奧特提供員工的全套完整價值，包括彈性工作時間、為個別員工需求量身訂做員工福利及發展計畫等。此外，溫暖的工作環境對員工來說也是非常重要的。過去在公司的第一家汽車旅館中，小馬里奧特的父親常常坐在大廳的沙發上，聽員工談論他們的私人問題，並且協助他們解決問題。這種關心員工的

做法至今仍然深植公司之中，小馬里奧特定下大家互助的規定。例如，員工可以將累積未用的休假時間捐給生病需要請許多假的同事。

★叫得出員工的名字很重要

即使日漸年邁，小馬里奧特還是堅持每年到旗下二百五十家飯店視察的習慣。他常說：「我想要我們的夥伴知道，世界上真的有一個叫做馬里奧特的人，而且他很在乎他們。」馬里奧特飯店主管的績效評估包括主管叫不叫得出員工的名字及員工工作滿意度和留職率。因此，員工對工作喜不喜歡，就成為主管的工作職責。

小馬里奧特表示，公司一半以上的主管都是由基層員工逐步晉升。由公司老兵擔任主管，一方面幫助公司傳承企業文化，一方面也是徵才和留才的有利工具。當員工當上主管後公司則給予他們充分的授權。十年前小馬里奧特就開始採用了新的給薪方式，由最前線主管根據個別員工的工作經驗及表現，彈性決定員工的薪資。

資料來源：羽冬，〈員工是我最大的資產〉，《智慧》，2005年1月。

Chapter 12

服務業品牌關係與形象管理

前 言

一般服務業因其服務特性，都會藉由服務品牌（brand）引導消費者做出決策，同時協助降低其知覺風險，並建立起有別於同業的正面價值。學者Farquhar（1989）提出：「品牌是一個名稱、符號、設計或標誌，可以使一個產品增加的是產品行銷利益還有產品利益以外的無形價值。」故如何讓消費者利用品牌的行銷，能夠快速辨識產品或服務，並產生較好的態度或較高的購買意願，消費者同時可以藉此簡化他們的購買決策，而公司也可因此創造更高的利潤與競爭優勢。

品牌與形象的塑造，可藉由產品行銷建立起與消費者的連結，並利用體驗與服務產生服務品牌的關係，甚至可進行品牌的延伸效益。Duncan與Moriarty（1999）提出，當緊密的品牌關係建立起來之後，公司所得到的利益將絕不止於銷售的增加，最大的好處在於可以加強顧客的穩定性和提高顧客終身價值，而維持顧客群的穩定性則可以幫助建立品牌忠誠度。也就是說，品牌關係能夠有效提升消費者對此品牌的知覺品質，也就是消費者對此一品牌產品的整體優越性，在相較於其他競爭品牌之下，會有較高的滿意程度。總結來說，品牌價值來自於品牌形象的累積價值。

Robertson與Gatignon（1986）認為，企業形象可促進消費者對特定企業產品或服務的認識，藉以降低消費者進行購買決策時的不確定性，因此，形象或品牌可說是企業提供產品或服務的表徵。所以作為一個真正的品牌，形象是不可缺少的，故企業引進的形象管理體系，以便在市場上建立有別於同業的品牌形象價值體系，但好的管理體系是可以複製的，唯有形象不可複製，只有無法複製的管理系統才能真正為企業創造競爭優勢。而品牌與形象的發展趨勢，可由有形的物質及無形的資產兩方加以說明。作為有形的物質部分，具有形式和功能，滿足人們物質的基本要求；另一方面，作為無形的精神部分，仍

會持續影響和左右著人們的生活態度和價值取向，而這些總體形象的發展內容，是能夠成為企業的形象目標，提供具體可操作的依據。

第一節　品牌形象與辨識

　　品牌與品名在製造業的生產過程中會有很大的不同定義，尤其產品延伸到了以服務業為主之各項業別；例如電腦是品名而宏碁電腦是品牌、咖啡是品名而85度C則是品牌、顧問是品名而生產力中心則是品牌，因此為了可以深入瞭解服務業的品牌關係，可藉由消費者使用一種特定的服務流程一段時間後，並從過程中獲得可記憶的經驗，並將這些經驗連結起來，這就是重要的品牌關係，而品名是比較無法與消費者建立關係的。任何一種品牌都需要靠企業有計畫的形象管理，因為形象是品牌的顏面，是給予消費者長遠的記憶核心，這時品牌形象也才能夠驅動該品牌之價值，也就是說，品牌關係來自於品牌形象的累積價值，故形象的管理也牽涉到各別品牌產品的生命週期，**圖12-1**為品牌與形象相關事件架構圖。

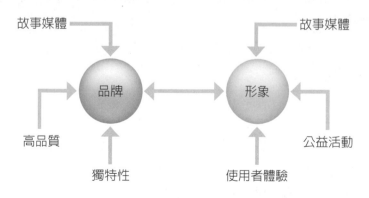

圖12-1　品牌與形象相關事件架構圖

一、品牌定義

品牌是透過形象的價值累積，藉以引起消費者的購買注意及容易辨識的產品價值。品牌是依靠媒體不斷重複曝光的結果，不論是刻意或無意的行銷手法，目的就是藉以讓消費者認定企業提供的產品界面、經驗實踐及產品來源或品質與一致性的保證。故Aaker（1991）將品牌定義為一個具有獨特性的名稱或符號，藉以引起消費者的注意。由此推論，品牌是除了產品或服務有形的定義及特色外，尚包括產品之各項無形的屬性，藉以傳達品牌的一些訊息，例如功能、品質、價值、文化、特質等部分。所以一般服務業都會藉由服務品牌來引導消費者做出決策，同時協助降低消費者購買產品的知覺風險，並藉以建立起有別於同業的品牌價值。**表12-1**就品牌有形與無形的屬性加以說明。

以上的品牌定義及論述，是指服務品牌有形和無形的綜合表現，其目的是藉以辨認組織產品或服務，並使之與相同競爭對手的產品或服務有明顯的區別。總結品牌的定義，是一種名稱、術語、標記、符號或圖案，或是他們的相互組合，是企業用以提供消費者明確的產品或服務識別。

二、品牌辨識

消費者辨識及回憶某個品牌的能力，對於企業而言就是長期經營品牌的努力成果。而品牌辨識亦可透過企業所建構有形及無形的總和濃縮，而此一濃縮又可以特定的符號加以區別。因此為了讓消費者能夠輕易辨識其品牌，利用企業提供的終端視覺環境、空間環境、展示環境、陳列環境、聽覺環境，期望能夠形成消費者的心理感受、行為感受、視覺感受、聽覺感受，並透過消費者在終端的記憶感受，因而

表12-1 品牌有形與無形的屬性

類別	屬性	屬性說明
有形品牌	名稱	例如可口可樂、IBM、中油、宏碁、華碩、TOYOTA、自由時報等，這些都是品牌簡易名稱，而每一名稱的制定，其背後都會有故事，例如宏碁的acer當初只不過是希望搜尋排名時能夠排在前面而已。
	符號	符號有可能是名稱、標誌，但大部分的符號是協助品牌的標誌或名稱的特殊符號而已，有的符號其背後也會有故事。
	設計	大部分的符號與標誌都是需要設計的，因為簡單易記的LOGO能夠協助消費者記憶購買的行為，同時也會是大家共同的討論記憶。
	標誌	標誌是品牌眾多組合中不可缺少的辨識主角，它結合了名稱、符號才能有具體的行銷標誌，而要具備感動行銷，則務必加入無形品牌的諸多元素。
無形品牌	功能	品牌除了傳達公司的信任形象，就是要讓消費者看到品牌後就知道這家可提供什麼樣的服務產品，例如麥當勞是食物、燦坤是家電用品。
	品質	品牌同時也是傳達消費者對這家企業的服務或產品品質的消費認知，例如新力的電子化產品，消費者認知其品質就是優良。
	價值	品牌因消費者品質的認知，相對就會提升產品的價值，例如賓士代表高效能、安全及尊貴身分的表徵。
	文化	品牌亦可作為某一組織或企業的代表，例如日本豐田因應快速變化的消費市場，創新了新的品質管理方法，這意涵了這家企業追求高品質、有組織及有效率的文化。
	特質	不同品牌依循不同的產品、文化及組織的發展軌跡，就會有不同的品牌特質，全國電子依社會中下階級的現狀，提出讓消費者溫馨的特質而深植人心。

表12-2　品牌辨識表現特徵

類別	屬性說明
品牌文化	品牌的背後都會有文化及故事，因此消費者對於品牌的文化認知，往往會是忠誠度百分比的重要指標
品牌管理	品牌需要組織內有效的維繫才能突顯其企業的效益
品牌視覺	特定的標誌才能觸動品牌視覺的記憶
品牌營銷	是企業藉由標誌及文化的行銷

直接影響消費者對品牌的識別價值的認可，和消費者對品牌的認知，從而建立品牌在消費者心目中的獨特形象，最終實現品牌識別和刺激消費者的購買行為。以下是品牌辨識的主要表現特徵。

　　品牌辨識的表徵，是由內部文化系統和管理體系，以及外部的品牌視覺和品牌營銷的識別體系共同組成（如**表12-2**），可藉由Chernatony和McWilliam（1989）對品牌的論述延伸認為：

　　1.品牌是辨別的工具，可與其他競爭者產生差異化的效果。
　　2.品牌可作為產品品質一致性的保證及承諾。
　　3.品牌為投射自我形象的方式。
　　4.品牌可作為購買時決策的輔助工具。

　　由此可知，品牌是影響消費者決定購買產品或服務的重要因素之一，而消費者也可以藉此簡化他們的購買決策，公司也可因此為本身創造更高的利潤與競爭優勢。

第二節　創立服務品牌關係

　　品牌有產品與服務，過去工業化時代，一般企業比較注重產品的品牌，而二十一世紀的服務業，就比較集中於服務品質的探討，而要建構服務品牌與顧客的關係連結，可藉由消費者直覺的體驗，能夠改

變品牌關係的深淺接觸，而品牌的價值才能完全取決於消費者的品牌
信任關係。進而能夠讓消費者心甘情願購買這項服務產品，並產生較
好的態度或較高的購買意願，企業唯有善用品牌的感動行銷，促使消
費者藉由品牌關係，加強他們的購買決策，因此也可創造更高的利潤
與競爭優勢。

一、品牌關係與接觸

Richardson、Dick與Jain（1994）認為品牌形象常常被消費者作為
評價產品品質的外部情報，並藉此推論或認定對該產品的知覺品質。

所以說適當的形象塑造與消費者經驗，是能夠適當協助品牌和消
費者的關係建立，而這品牌關係是能夠有效提升消費者對此品牌的認
知，也就是消費者對此一品牌產品的獨特性認知，故現今服務業行銷
的概念中，已經開始運用直覺體驗行銷概念與顧客進行連結和接觸，
並利用消費者對於產品體驗的過程中建立起與企業品牌的關連性，進
行企業的延伸策略（如**圖12-2**）。因此在相較於其他競爭品牌之下，品
牌有高密度接觸的企業，往往會有較高的滿意程度。而體驗行銷在消
費者接觸中，就屬感動行銷在品牌忠誠度上有非常重要的角色，感動
行銷其主要概念為感官、情感、思考、行動、關連，尤其感官經驗在

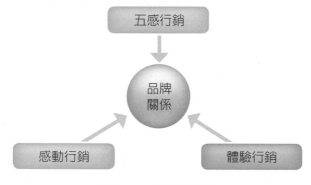

圖12-2　品牌關係圖

創造感官深度的品牌上，是具有深度影響的意義，其獨特的品牌識別特質，常常能夠促使企業達到品牌的價值。以下是針對品牌關係與接觸方面，可透過以下之操作模式進行探討及分析（如**表12-3**）。

在二十一世紀的全球化競爭年代，企業有高密度接觸的品牌，往往會由直覺體驗而改變與顧客的互動關係，並藉由體驗導向的品牌關係行銷，創造以顧客價值為導向的思考模式，而且是從顧客生活與文化等情境所塑造的感官認知角度出發，所以體驗導向的行銷架構可從熱情找靈感、創意找創新、鳥瞰找流程等實務環境、員工資產、企業資源整合等，找出全方位的顧客關係的體驗服務。作為一個真正的品牌，形象是不可缺少的，而且形象是品牌的「臉面」。持續交付特定的產品或服務給消費者的承諾，其品牌傳遞的價值完全取決於消費者的實質評價。讓消費者能夠快速辨識產品或服務，並產生較好的態度

表12-3 品牌關係與接觸操作模式

品牌關係與接觸	操作模式說明
感動行銷	主要概念為感官、情感、思考、行動、關連，尤其感官經驗在創造感官深度的品牌上，是具有深度影響的意義。
顧客體驗	顧客體驗的管理架構是植基於不同體驗形式的概念，首先從感官行銷創造知覺體驗的感覺，而知覺的體驗行銷概念架構有感官、情感、思考、行動、關連等特質，很多知名服務業，都能夠藉由這知覺的特質，轉化為視覺上親切與待客的情感表象、創新服務的思考饗宴、服務導向的行動標準及跨國品牌的關連服務。
五感行銷	五感行銷亦可稱為感動行銷，它是經由視覺、聽覺、觸覺、味覺與嗅覺促成組織或是品牌的識別，而產品的視覺形象是人們對形象認知部分，透過視覺、觸覺和味覺等感官能直接瞭解到產品形象，諸如產品外觀、色彩、材質等，屬於產品形象的初級階段層次。產品的品質形象是形象的核心層次，是透過產品的本身品質體現的，人們透過對產品的使用，對產品的功能、性能品質以及在消費過程中所得到的優質的服務，形成對產品形象一致性的體驗；產品的社會形象是產品的視覺形象，產品的品質形象從物質的層面綜合提升為精神層面，是非物質的，是物質形象的外化的結果，最具有生命力。

或較高的購買意願，唯有善用品牌的行銷，讓消費者能夠同時簡化他們的購買決策，而公司也可因此創造更高的利潤與競爭優勢。

二、品牌價值

品牌是產品的一部分，對企業而言，擁有知名的強勢品牌及提升品牌價值是非常重要的，因為知名的強勢品牌除了可以提升企業之競爭力外，還可以提高競爭者進入市場之障礙。而品牌又是企業參與全球競爭的捷徑，但品牌卻需靠品牌意識、形象信譽和聲望日積月累建立起來的，才會有潛在消費者的認同，故就品牌的價值而言，它可以協助企業找到方向，幫助企業在全球競爭的市場中找到正確的定位，品牌同時可以驅動企業的經營戰略，並有效地進行資源的重分配。因為潛在的消費者往往是依附著品牌企業，而這也是未來創造收益的最好保證，故品牌的價值也可以說就在於其擁有巨大潛能的財富。品牌價值不僅能創造實際收益，而且是具有創造未來收益的保障（如**圖12-3**）。

宏碁與法拉利合作推出限量的法拉利筆記型電腦，消費市場可以呈現出宏碁品牌在消費者心目中的品牌價值。品牌聯想是消費者看到一特定品牌時，即被引發出對該品牌的聯想，包括感覺、經驗、評價、品牌定位等，事實上，品牌聯想對於品牌價值的建立也會很有

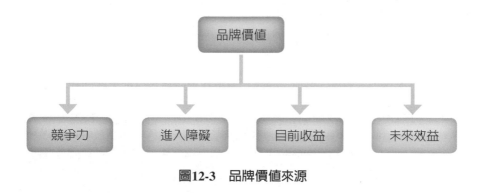

圖12-3　品牌價值來源

幫助，因為由於不同產業之運作邏輯不同，異業合作往往能夠接受不同產業的刺激，得到意想不到之效果。例如台灣菸酒公賣局之紅標米酒，吸引大部分的消費者忠誠於單一品牌，他們只購買某一特定品牌，所以其品牌聯想出其他產品擁有更多忠誠的消費者，但有些大賣場嘗試其品牌聯想，卻不容易得到消費者的認同。有關品牌價值的架構說明如**表12-4**。

表12-4　品牌價值的架構

品牌價值	價值說明
顧客的品牌忠誠度（進入障礙）	具有高品牌忠誠度之消費者會持續購買該品牌，經由品牌忠誠度的維持，公司可以降低行銷成本、增加廠商與通路之間的關係及降低競爭者的威脅，面對競爭者新產品的攻擊，也會有一段反應時間以利緩衝。顧客的品牌忠誠度是主要品牌價值來源。當既有顧客對品牌感到滿意或喜愛時，廠商花費在保留現在顧客的支出將相對較開發新客戶的支出還少，因此品牌忠誠度所創造的價值主要在降低廠商行銷成本，成為生產利潤的來源。Jones與Sasser（1995）指出顧客忠誠度是顧客對某特定產品或服務的未來再購買意願。並認為顧客忠誠度有長期忠誠和短期忠誠兩種。長期忠誠是顧客長期的購買，不易改變選擇，而短期忠誠則是當有更好的品牌或產品可供選擇時，顧客將改變選擇。Oliver、Rust與Varki（1997）認為，顧客忠誠度是指受到環境影響或行銷手法可能引發潛在的轉換行為，但顧客對其喜好的商品或服務的未來購買和再惠顧的承諾不會改變。
消費者價格（效益）	指消費者對該企業各種產品價格、價格定位、折扣等諸因素之態度，Walters（1978）將此歸納為功能性形象，價格可被消費者接受的程度。品牌忠誠度、品牌知名度、知覺品質、品牌聯想、服務及商品價格能讓消費者感覺值得及接受。
擴展及延伸能力（競爭力）	Aaker（1990）認為原品牌和延伸品牌之間的利益及訴求形象有高度相關時，消費者對於原品牌的認知，就會移轉到新的產品上，更可以加深消費者對原品牌的印象。品牌聯盟是品牌延伸觀念的進一步擴展（Park, Jun & Shocker, 1996），積極地向新領域擴展，品牌延伸策略的一種。

Srivastava與Shocker（1991）表示品牌權益包含品牌優勢及品牌價值，品牌優勢是來自於消費者和配銷商的認知及行為，使該品牌擁有持久且差異化的競爭優勢，而品牌價值則由品牌管理者發揮該品牌優勢之槓桿效果，進而創造高額利潤與降低風險。故對企業而言，擁有知名的強勢品牌及提升品牌價值，在全球化競爭的市場面就顯得非常重要，因為知名的強勢品牌除了可以提升企業之競爭力外，還可以提高競爭者進入市場之障礙。品牌價值不但向公司外的人傳達公司品牌的行銷和發展，而且還向公司內所有員工傳達公司的信念，激勵員工的信心。

第三節　形象管理

先有產品，才有品牌，而品牌是需要依賴形象來創造，同時形象也在保護企業文化與品牌。所以形象管理在政府單位、企業及個人形象都扮演著重要的地位，例如政府單位常常為了替政令服務，就會透過新聞專訪的報導，間接就可提升政府單位的形象；企業則會藉由公益活動的舉辦，塑造公民社會的形象（如**圖12-4**）。

至於個人部分則比較會聚焦於公眾人物，不論政治人物或影歌明星，有時一般民眾對於個人形象的塑造也會非常在意，更何況在與消費者互動最密切的服務產業中，要樹立形象、建立定位，就以服務實體的環境為最直接也最有效果，而且也是最具有策略意義的角色，因為實體形象的外觀設計及內部裝潢、設施與物品擺設和布置，是最容易突顯服務的經營理念、風格或特色，而這形之於外的形象塑造，是最容易引起消費者的注意、討論並口碑傳播，企業並可藉此突顯出有別於同業的差異化形象。例如可口可樂除了飲料產品以外，它帶給我們的是有價值的歡樂，尤其最近紅色意象的形象塑造，更是藉由形象塑造品牌的典型例子。

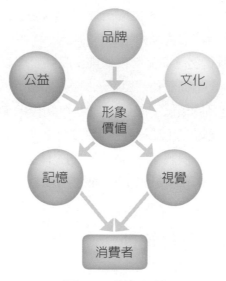

圖12-4　形象價值

一、形象的重要

　　Biel（1992）從財務觀點來解釋品牌權益，即是品牌所賦予企業或產品、服務的價值。由行銷觀點（消費者面）來看，主要是由品牌形象驅動來增加該品牌之價值，也就是說，品牌價值來自於品牌形象的累積價值。形象統一或多元的應用，應該就塑造的對象，例如政府、企業或個人的品牌，因為品牌與形象常有相互交叉的影響及作用。形象經常會無時無刻在指導品牌的走向，因為形象是品牌概念的延伸，比較而言，品牌會是一個比較抽象的、對品牌內隱的精神概念，形象則往往會是外顯且具體生動的、有血有肉的展現及記憶。所以可以說形象是品牌的視覺化表現，是政府、企業或個人整體形象的根本表現。**表12-5**就不同單位來進一步說明形象的重要性。

表12-5 不同單位形象的重要性

單位形象類別	形象的重要性說明
政府形象	產品或服務本身的形象，這邊所說的產品，當為政府為民服務的事項，故當政府單位為了政績或政令製作文宣是天經地義，更甚為了美化政策形象，花了大把的經費，這些都是可以接受的行銷手法，這邊要講的是花大筆經費，若沒有誠實的產品，一味的以置入性行銷，搶奪短暫的形象利益，最終仍會被人民唾棄。因為當潛在人民對政府提出的政策評價很高時，就會產生較強的信賴，他們會把這種信賴轉移到政府形象上，對政府產生較高的評價，但當政策被提出檢驗時，好與壞就會在人民的一念之間，跟你花了多少經費沒有絕對關係，所以還是回到先有好的產品再來談形象的塑造。
企業形象	產品或服務提供者的形象，也就是企業形象。而作為一個真正的企業品牌，形象是不可缺少的，而且形象往往不僅妝扮品牌的「臉面」，更是保護企業文化與品牌的重要推手。而企業在推廣產品品牌時，往往其企業形象必須先被塑造，產品的行銷與策劃也離不開品牌形象的指引。故形象之於企業在產品上有其重要性，但對於消費者來說，Robertson和Gatignon（1986）認為，企業形象可促進消費者對特定企業產品或服務的認識，以降低消費者進行購買決策時的不確定性，因此，形象可說是企業提供產品或服務的表徵。
個人形象	個人形象就是使用者形象，對於每一個人，都是一項獨一無二的商品，不論你是天天上版面的公眾人物，或者是平凡的一般人，你都必須把自己當作是一家企業來經營，發展自己的品牌，做好行銷策略，適時的把握機會推銷自己，並配合自己專業能力，才能贏得機會與舞台，發揮實力與能力並提升個人的品牌形象。所以個人良好的形象，不僅賦予自己擁有信心，更帶給自己更多的機會。

　　以表12-5形象的重要性歸類來說明，可以認定形象是包含在品牌的範疇裡面，而品牌是由不同單位具體操作的一部分，形象與品牌兩者在行銷中能夠同步地、協調地發展。尤其各單位的產品行銷，從過去以產品品質和通路的競爭環境，已經轉向品牌形象和服務品質為主的競爭焦點和方式，而且是更加細化和深入，尤其在多元化的網路行銷理念的引導下，形象更容易在目前競爭日趨激烈的市場上，被輕易地檢驗、口碑傳述，甚至會被汙名化，所以形象雖然可以幫忙建構品

企業形象是品牌價值的來源

牌，但仍需有特色的產品支撐，讓形象與品牌、產品三方面形成良好的互動，並提高顧客對品牌的認同，達到顧客青睞本品牌的目的。

二、形象的發展

各單位產品形象的發展趨勢，可從生活方式、環保意識、工作選擇、社會價值、國家經濟等發展趨勢，加以分析每一階段其形象扮演的重要性角色，並透過形象價值的發展將服務產品行銷出去（如**圖12-5**）。

(一)著重於生活及精神方面的改變

當可口可樂成功地把一種碳酸飲料變成了一種歡樂的文化時，它以紅色系列的形象在改變人們對於歡樂的詮釋，而紅色與其商標、產品是緊緊綁在一起，這時企業就能從有形的物質轉化為無形的資產。

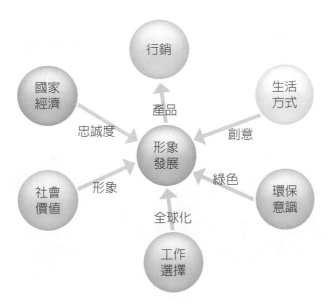

圖12-5　形象的發展

不僅僅如此，我們可從最近熱賣的蘋果手機，沒有了迷你連接孔對於我們使用電腦習慣的消費者而言，蘋果試著改變我們的生活和思維方式，這種影響早已不只是停留在透過使用產品來獲取功能需求的層面上，更多的是，透過了蘋果雲端化的商城，不僅是滿足了生活需求，更是改變我們的精神心理層面。

(二)綠色環保的意識抬頭改變了設計、製造與銷售的習慣

綠色形象是二十一世紀全人類必須面對的大改變，因為我們居住的環境已經逐漸被改變了，不論是暖化或冷化，政府的低碳政策、企業的綠色產品或個人的消費習慣，這些都是綠色形象所產生的有形價值，但更重要的是它的形象引導，已經讓我們的生活習慣徹底的被改變了。可持續性發展、綠色設計、綠色經濟、綠色行銷等正以自己獨特的方式，刺激企業比以前更加嚴肅地考慮形象的概念，並影響和左右著人們的生活態度和價值取向。

(三)全球化的單位形象改變了人們的前途規劃的選擇

全球化迫使國內市場和國內經濟以緩慢但穩定的步伐向全球一體化邁進，而人們在全球企業的品牌形象吸引下，推動了人們經驗、才智、信仰和情感的統一，這時社會的價值評斷，事實上是源於形象，因為全球化的企業形象，掌握著商業活動，就好像掌控著自己的命運一樣。因為全球化的這些人相互並不認識，他們來自不同的國家，說著不同的語言，信奉不同的文化，但是這些人卻被聚集在一起，在一塊有著無盡挑戰的土地上競爭並迎接這些挑戰。這時社會因全球化的企業形象，因選擇性認知、過去的信念、社會標準和遺忘而有所改變。

(四)形象可以重新詮釋社會的價值

單位形象與社會相互影響著，並發揮作用。政府形象提供政策服務，是因為老百姓選擇這個政府來服務社會，並提升這社會的價值，而產品形象則是創造服務內容，因為它們是社會發展的需求，人們不只是因為喜歡才選擇產品，而是在自覺和不自覺中出於享受和欣賞的需要。因此，受形象驅動的產品仍將作為社會經濟發展的重要物質基礎標誌。毫無疑問，這些標誌物將會改變，然而，它們仍將作為當代人的價值取向和內涵的表徵。形象對於人們改善生活具有刺激作用，人們不只是從功能角度去選擇產品，同時也會從形象角度去選擇產品。

(五)形象經濟導引了國家經濟等發展趨勢

形象經濟的發展跨越了國家、區域的界限，形成共同的利益關係。而產品形象卻作為形象經濟驅動全球的經濟發展。據《南方人物周刊》的「視點」報告中指出，品牌形象對一個國家的未來國內生產

總值的影響，被認爲形象價值最高的前三個國家分別是美國17兆8,930億美元，日本6兆2,050億美元，德國4兆5,820億美元。而這三個國家是當今經濟最發達的國家，同時也是擁有最多著名品牌的國家。他們憑藉著產品形象所產生的巨大經濟價值及眾多對品牌形象忠誠的消費者，聚集了強大的經濟市場，緊緊抓住世界市場的發展脈搏，並無時無刻地影響著人們的生活方式和價值取向，推動著全球的經濟發展速度和發展方向。

2011年全球品牌排名第二名為蘋果電腦，為何不談第一名的谷歌，那是因為賈伯斯（Steve Jobs）其個人的形象卻能帶出Apple傲人品牌，賈伯斯的故事成功地行銷蘋果，他認為創新、創意首先必須放下束縛，才有空出的思慮去創造！

圖片來源：http://www.ibtimes.com/articles/203821/20110825/steve-jobs-legacy-the-apple-iphone.htm

　　在可預見的將來，品牌與形象會繼續主導著企業發展，從經驗、口碑、廣告、包裝、服務等得到的訊息，對於建立產品形象信譽和價值，將會是形象經濟的一項重要工作，企業因應形象價值的影響力，最終將不得不用更多精神來管理這些無形資產。並藉由產品形象建立起消費者心目中對產品的忠誠度，使企業不斷地創造出持久的經濟價值。

Chapter 13

服務業文化管理

- ■ 第一節　企業文化的重要性
- ■ 第二節　關係管理與服務文化
- ■ 第三節　服務文化必要條件

前　言

　　企業文化的樹立，是由內隱的個人價值變成外顯的團體價值，是由員工自動自發的價值學習動力的思想過程，因此文化是企業的靈魂，是員工思想、行為的依據，是企業實現永續發展和員工個人成長進步的共同價值觀，重要的就是堅持將其落實下去。

　　關係管理在服務業的行銷中常常被提及，主要是因為顧客關係管理已經成為當今顯學，而服務業的服務流程又是人與人的顧客關係及信任關係，所以當關係管理透過資訊科技，將行銷、客戶服務等融入服務文化，並提供整合顧客市場區隔及行銷組合的個人化服務，增加顧客滿意度與忠誠度，以提升顧客服務品質，達成增加企業經營績效的目的。

　　服務文化是企業文化的組成部分之一，是指企業的服務特色、服務水準和服務品質的內隱和外顯元素總和。因此，服務文化就體現在為了滿足消費者的需要所提供的服務設施、方式、手段、環境和貫穿於實際服務流程中的各種觀念上。而員工共同遵守的文化價值，就是人與企業的關係價值，所以服務文化的必要條件就是設法讓員工廣泛認同並積極參與，並堅持以消費者為本，建立起共同擁有的信任文化（如**圖13-1**）。

　　文化是一個組織共同的思想、信念、價值觀與規範，並經過內化的過程，才能深植於群體成員心中，並對組織內成員產生一股無形的行為約束力；且常常用以區別此群體與其他群體之不同地方，並因此獲得外界對此群體之正面反應，所以針對文化我們可以簡單的說，它是一個集體行為、是一個大熔爐。而服務文化又是存在於組織文化的一部分，因為服務文化是非常重視品質的文化呈現，尤其在服務業裡常常提出的顧客滿意度，更是與品質有相互依存的關係，因此在企業文化的理念下，所有服務的人員皆可視傳遞優質的服務文化為一自

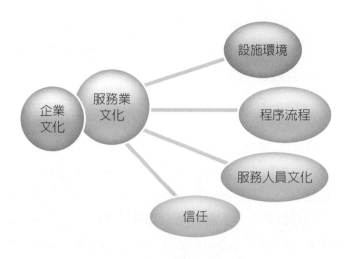

圖13-1　企業文化組成

然的方式，以及最自然的規範，進而促使每位員工必須把提供內部以及外部顧客優質服務視為自然的生活方式、最重要的一種價值觀的習慣文化。而如何將服務文化應用於以服務導向的企業發展上，首先必須思考，如何提升第一線的服務人員職能發展及管理，因為服務文化除了實體表徵之外，服務業的從業人員確實是能夠將服務文化善加展現，並直接性的提升服務品質。

 第一節　企業文化的重要性

依據泰倫斯‧狄爾（Terrence E. Deal）與艾倫‧甘迺迪（Allan A. Kennedy）於《企業文化》一書中表示：「企業文化是企業上下一致共同遵循的價值體系，一種員工都很清楚的行為準則。」企業文化就是企業在發展的軌跡中，所形成的一種企業員工共用的價值觀念和行為準則。而這價值及行為就是員工思想、行為的依據，也是企業實現持續發展和員工個人成長進步的精神及靈魂。企業文化的重要現象，

是因為它被視為競爭優勢之潛在關鍵要素。因此,在任何類型的公司裡,企業文化會是很重要的中心思想。尤其是面臨服務競爭的產業而言,服務文化會是公司發展與管理中的關鍵性工作。

　　文化與形象一樣,它是不能複製的,尤其是服務業的文化經營,往往是透過組織內的員工所形成的共同價值觀念、行為準則、道德規範,經過長期的經營活動體現,才能呈現企業的人際關係、規章制度、廠房、產品與服務等事項和物質因素的集合文化,但塑造企業文化絕對不是給企業訂一些響亮而空洞的口號,就可以做得到的,而是企業與員工必須具有強烈的凝聚力,發展屬於自己的特色企業文化,如此才可能真正打動員工的心,並在員工內心處產生共鳴。能夠擁有共鳴的企業文化,員工才能將這些企業精神所體驗的服務文化較直接地呈現在顧客面前,特別是那些和顧客有高度接觸,或是顧客會親臨現場的服務類型來說,企業的服務文化更是扮演了舉足輕重的角色。

　　IBM的企業文化是尊重別人、追求卓越、深思後再行動;INTEL(英代爾)企業文化是成果導向、建設性的矛盾、追求卓越、一律平等和紀律;acer(宏碁電腦)企業文化是誠信及實際成效導向。這些著名企業的文化可以觀摩、學習,但不能全盤照抄,因為每家公司的企業文化就像一棵大樹,移植不見得能活下去。

　　所以成功的企業,在建構屬於自己的企業文化時,無一例外地,都具有永續發展、學習成長、行銷拓展、員工凝聚及集體利益等重要項目,而且這些項目值得深入探討如**表13-1**所述。

表13-1　企業文化的重要構面

企業文化的重要項目	項目說明
永續發展	企業文化是企業的靈魂，是員工思想、行為的依據，是企業實現持續發展和員工個人成長進步的精神紐帶。
學習成長	員工廣泛認同並積極參與，因為員工在企業得不到良好的發展，就意味著發展的權利沒有受到足夠的尊重，職業道路受阻，就不會有良好的心理溝通基礎。如果只考慮企業的利益，對員工個人進步、成長漠不關心，與員工的關係只建立在有形的經濟和制度關係之上，員工個人以體力和技術在有限範圍內向企業換取物質利益，而對心理溝通上卻沒有用心來做，員工也就只滿足於完成與本人利益相關的那部分工作。
行銷拓展	現代新經濟競爭既是團隊遊戲，也是個人運動。沒有團隊精神的支持，個人會失敗；沒有個人參與的精神，團隊就會失去活力。在這種形勢下，「個人英雄」只會得到有限的機會，團隊協作成為完成工作最有效的形式。尤其是對日趨複雜的營銷管理工作來講，共同的知識、支持和責任，才是個人成功的動力。團隊協作的工作環境可以使人們的心境更加愉悅和融洽，而且可以促進個人的學習與進步，使員工在工作中學習，在學習中工作，從而加快員工的全面發展。
員工凝聚	企業文化的本質特徵在於倡導以文化人和以人為本的新型管理理念，注意挖掘人的潛在創造性，激發人的主動性，將人置於管理要素的核心地位，透過文化環境和文化體系的內化功能，充分發揮人的主體作用，從而實現企業和諧發展的目標。協調企業與員工的關係，企業文化必須一直堅持以人為本，尊重員工的文化主體地位。
集體利益	價值觀是企業文化的核心，企業文化就是在一個企業的核心價值體系的基礎上構成的，具有延續性的共同的認知系統和習慣性的行為方式。這種共同的認知系統和習慣性的行為方式，使企業成員彼此之間能夠達成共識，構成心理契約。

第二節　關係管理與服務文化

關係管理廣義來說包含了組織、員工及顧客,而服務文化是融入於關係管理的精神表述,因為擁有再好的關係制度,如果失去了行銷三角關係的道德情感當作內在的基礎支援,那是無濟於事的。首先就以顧客為主,探討顧客關係的資訊管理,顧客關係管理(Customer Relationship Management, CRM)是指透過資訊科技,將行銷、客戶服務等與組識的相關功能進行資訊整合,並提供顧客個人化及量身訂製的服務,藉以增加顧客滿意度與忠誠度,提升顧客服務品質,達成企業現在及未來經營效益的目的。而顧客關係融入服務文化,目的是擴大及深化忠誠顧客群,故首先針對忠誠顧客的三種層次加以說明,最深化的顧客是使用後非常滿意,會再次購買者,且不但自己購買還會推薦他人使用者,而這層的顧客也就是CRM的目標族群,因為這些人比其他兩類人帶來更多的利潤。至於第二層則會是品牌的擁護者,自己會購買也會再購買但他並不會是口碑傳播者;而第一層則屬使用後感覺非常滿意,這群消費群有可能因新品牌、新功能、新的服務而選擇改變。故要擴大忠誠顧客群,就必須深化服務文化,根據文獻的回顧和Gronroos的陳述,服務文化是內部行銷(internal marketing),像組織氣候一樣為了使服務導向的員工提供優質的服務(Gronroos, 2000; Zerbe, Dobni & Harel, 1998; Schneider, White & Paul, 1998)。

顧客關係管理重要的關鍵點則是如何妥善的運用資訊科技之技術,統整企業與顧客的關係,以及規劃內部資源的配置與管理。顧客所在乎的不單單只有產品的多樣及服務的品質,其他包含溝通過程中人與人的互動,是以顧客為本的情感性溝通文化,是以創造和諧共贏的常態文化;交易過程的透明化,是誠信經營的文化基礎,而最大限度是能夠為顧客、員工創造價值;服務文化是品牌創新的文化,因

全方位創新的服務流程機制，能夠不斷地提供顧客的附加價值；顧客在乎的是生機活力的企業，是致力於開發顧客、員工和服務資源的企業，並能夠賦予員工工作生活意義、激情燃燒的創新服務的企業，而這些都是組織、員工和顧客未來合作的關係優勢，也都是顧客所關切的項目。服務文化是關係管理最重要的中樞神經，而由組織、員工和顧客所構建的網路互動關係，詳細解釋如**表13-2**。

　　企業要發揮最大的經營潛力，必須戮力於服務文化的建立及服務氛圍的塑造，經由內部組織與員工關係，驅動外部員工與顧客關係，並配合服務文化提升服務的品質，達到顧客認為的滿意水準，但顧客滿意有時還是不夠，而必須在服務的設計及過程中，加入互動關係體驗的概念及元素，如此才能達到讓顧客感動的境界進而提高顧客的忠誠度。

表13-2　組織、員工和顧客所構建的網路互動關係

潛能構面	構面說明
組織	像組織氣候一樣為了使服務導向的員工提供優質的服務。如果要使服務企業能提供成功的服務，僅靠服務人員的微笑和良好的態度還是不夠的。因此，還需服務組織內各種資源的有效配合及運用。這就必然涉及到服務組織中的各種工作流程、服務規範、考核手段、管理體系等各方面的工作。因此，在整個服務組織中，十分重要的一環就是從服務設計過程的一開始，就應該考慮到顧客的需要，如果不是從這點出發，服務組織則無法向顧客提供滿意的服務。
員工	企業管理者必須建立一支精心為顧客服務的職工隊伍，因此必須擔負起對這些服務人員的培養、教育和溝通的責任。首先要善於調動職工的積極性和工作的主動性，這一點對於服務人員來講是絕對重要的。其次要加強培訓，除了要向職工灌輸顧客第一的思想，同時還要進行服務技能的培訓，以提高服務人員的業務素質和服務水準。此外，還要提供必要的溝通手段，一方面是企業內部的溝通；另一方面是服務人員與顧客的溝通。這些溝通應該成為企業內部調動職工積極因素的有效手段。
顧客	大部分的顧客，都是因為企業展現的品牌關係及長遠薰陶的文化影響，進而消費者選擇了企業所提供的產品或服務。

資訊科技（Information Technology, IT）的發展與網際網路的興起，明顯帶給企業前所未有的衝擊。無論是在生產技術的流程改造、產品的創新發展，或是經營觀念的全面性顛覆，無一不受此波資訊科技潮流的衝擊。所以企業擁有一套完善的顧客管理系統，並結合妥善的資訊科技技術加以運用，不但能夠幫助企業深入、正確地瞭解顧客，並可利用最少的資源達到最佳、最有效的顧客管理品質，進而使企業獲致競爭的優勢。此時企業一方面可以藉由顧客滿意的提升，增加顧客的忠誠度及創造雙方的利潤；另一方面，可運用資訊科技，對於顧客所回饋的資訊加以整理成為有效的知識。

企業服務文化的建立，可由建立企業服務標誌著手。若是新的企業，可以由其經營與服務理念出發形成，而歷史悠久的企業，則可由其過去的服務經驗中，萃取最精華的服務信念形成。服務的精神標語，並非只是口號而已，其含有豐富而且具體的意義，透過主管階層熱忱地闡述與傳遞，形成企業共同的服務價值觀。

要使服務文化最終形成，管理階層在熱忱且清楚地向員工解釋服務信念與價值觀的同時，更重要的是要促使企業員工在日常服務活動中長期踐履這些服務信念和價值觀。對於其服務活動體現並詮釋了企業服務文化的員工進行公開讚美與獎勵，對有損企業服務文化的員工則及時批評指正。透過長期的監督和激勵措施，服務文化便會成為一種潛移默化的因素滲透到員工的服務活動中。和其他企業文化一樣，服務文化一旦形成，就具有了相對的穩定性。但企業所處的環境瞬息萬變，企業自身也處於不斷地變化之中，因此，在堅持基本的服務信念與價值觀的同時，企業更要深諳文化是創新的，不斷進行服務文化的創新。

第三節　服務文化必要條件

服務文化存在於顧客關係的文獻，有Parasuraman（1987）說明服務管理和企業理論關係之間，證明了一個顧客導向的企業文化是服務成功的關鍵要素。藉由服務文化存在於企業的文化的必要性，及服務文化落實的條件連結，提出幾項值得探討的基本素質及必要性（如**表13-3**）。

服務文化已經成為企業發展及生存的基本素質。有些企業檯面上的知名企業，正是靠著優質的服務，企業才能造就了今天的輝煌。在當前這個時期，服務已經或正在極大地改變著我們的生活方式。企業的競爭已經聚焦到服務，激烈的競爭刺激了服務創新，服務已經成為企業獲得市場競爭力的重要條件。

表13-3　服務文化必要性

服務文化必要性	必要條件說明
服務文化環境及氣氛塑造	共同的認知系統和習慣性的行為方式，使企業成員彼此之間能夠達成共識，構成心理契約。新形勢都要求參與現代企業生產和競爭的管理者及員工不只具備嚴格的信用約束，而且要具備較強的合作能力。而這種能力必須透過相應的文化氛圍的培育和相應的價值觀陶冶才能養成。隨著時代的進步，先進的成品及營銷模式提高了人們的思維水準，豐富了人們的思維方式，知識經濟條件下的企業員工唯有協調工作，才能整合各類知識資源，構成整體的競爭力。
員工的忠誠和服務熱情	知識有價值、技術稀少及難以模仿、微笑態度、創新思維、不可取代。服務文化是激發員工用快樂的心情提供創新的服務、創造顧客忠誠、提升競爭力的文化。
員工與組織有效溝通	企業文化強調心理溝通，因為心理溝通是企業和員工之間文化認同、情感交流和基於共同願景的認同。員工把本人的工作自由和權利尊嚴交給企業安排，是一種嚴肅的奉獻及誠信的寄託行為，企業理應為他們提供與他們業績對稱

（續）表13-3　服務文化必要性

服務文化必要性	必要條件說明
	的發展平台，實現他們的預期願望，使員工活出真正的生命意義來，從而使他們獲得全面發展。如果企業重視員工的個人成長進步，主動為其設計前程，員工積極為企業發展獻計獻策，就會構成高效率的環境與和諧的局面。因為員工在企業得不到良好的發展，就意味著發展的權利沒有受到足夠的尊重，職業道路受阻，就不會有良好的心理溝通基礎。因此，健康的心理溝通，會使企業與員工保持良好的協調關係，員工的潛在積極性得以充分釋放，積極為企業發展貢獻力量，實現人力資源的自主能動開發，降低管理成本，提高管理效率。員工廣泛認同並積極參與。

　　服務型企業，要激勵員工的忠誠和服務熱情，人力資源的管理尤其重要。良好的服務團隊，始於有效性的人力資源戰略，包括職業訓練、員工權利、激勵政策、職業生涯等。而這些展現的文化特質，為了能夠最大限度地讓企業的服務人員充滿活力，主動並創造性地為顧客提供服務。**圖13-2**為服務文化之流程要因圖。

　　企業要創造經營利基，需致力於服務文化的建立及服務氛圍的塑造，由內部服務品質驅動外部服務品質，配合環境品質與互動品質的提升，達到顧客滿意，但顧客滿意還不夠，必須在服務的設計及過程中，加入體驗的概念及要素，達到讓顧客感動的境界進而提高顧客的忠誠度。濃厚的文化氛圍蔓延在服務第一線。商旅服務型企業必須將獨特的企業文化與員工的人生目標、價值觀等緊密地聯繫起來，以達到文化上和行動上的一致，並透過各種策略，不斷地強化服務品質，提高服務效率，注重服務細節，提高服務積極性，以便讓企業更具競爭力。

　　企業在實踐及展開文化的過程中，若無法滿足員工在規則之下工作的有效的產出及員工的價值，這文化是毫無意義的，因此，企業文化推廣的條件會是因時、因地、因人為員工提供物質的和精神文化上的滿足。關於文化落實之條件如**表13-4**所示。

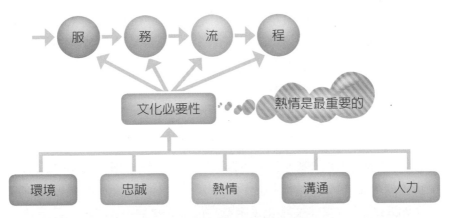

圖13-2　服務文化的流程要因圖

表13-4　文化落實的條件

文化落實的條件	連結的條件說明
文化學習及交流平台	文化的傳承是組織文化最重要的使命，而學習與交流卻需透過文字化、故事化和儀式化（李明，2009）三種學習和交流的重要傳遞方式。
文化實施的策略及方法	文化的攫取是可以透過學習的策略及方法，但這個過程中，人與人是透過學習、反思等學會了社會所期望他們去遵守的「價值標準」、「規範行為」、「道德行為」。
文化有效的產出及員工的價值	價值觀是企業文化的核心，企業文化就是在一個企業的核心價值體系的基礎上構成的，具有延續性的共同的認知系統和習慣性的行為方式。

　　文化是靠學習得來的，是由企業傳遞到員工，再從一個員工傳遞到另一個員工，經年累月才得以成就傲人的企業文化，而文化在傳承的過程中，為了要確保企業文化的精髓不丟失、不走樣，所依靠的是一個科學的、有效的文化學習及交流平台，所以它不能像產品或流程那樣可以複製，而這交流平台卻必須以大家都懂得的共同語言，來作為交流的核心平台，這也是人與人最重要的交流手段。透過「語言」來交流是人類區別於其他動物而擁有文化，和透過文化創造世界的最

重要能力。企業在建構服務文化方面是不遺餘力的，但有太多的企業在開展文化的建設時，走得不踏實，因為企業常常著眼於別人有所以我也要有，無論成效怎樣，往往在執行時就會面臨到瓶頸，因為忽略了文化是自己企業所特有的，是必須透過學習及交流才能創建一個「文化」體系，這其中包括了「企業理念體系」、「行為規範體系」和「價值創造體系」，而這個體系與企業的發展階段是一致的。

文化的傳承是企業文化最重要的使命，而學習與交流卻需透過文字化、故事化和儀式化（李明，2009）三種學習和交流的重要傳遞方式（如圖13-3）。其中文字化是企業文化符號體系中最嚴謹、最成熟、最深刻的，而故事化和儀式化對文化意義的表達和渲染更強烈，更容易讓員工有深刻的記憶。尤其企業有了跨地區甚至跨國的分支機構後，透過語言的交流就不再能滿足文化的傳播，不再容易感覺到文化的意義了。而這個時候，企業的學習及交流平台就需要一個文本，一個對企業的歷史、文化進行反思和深省的文本，以此來形成企業中互不相見的員工之間對企業文化的共同的認知、共同的感覺、共同的理解、共同的執行，並藉此喚起企業中每一個員工對企業歷史的回望，對企業文化的記憶，對當前行為的自我認知。

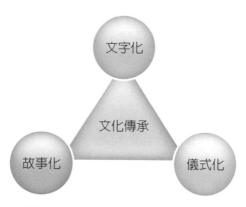

圖13-3　服務文化傳承三角關係圖

　　文化的擷取是可以透過學習的策略及方法，但這個過程中，人與人是透過學習、反思等學會了社會所期望他們去遵守的「價值標準」、「規範行爲」、「道德行爲」，而這文化的學習，必須在跨入職場之後，或者一個職場轉入另一家企業之後，或者企業自身的文化創新或變革後，員工必須借助於教育培訓、觀察、模仿及工作環境的實踐，才能逐步學會和掌握企業所期望的行爲。而重新學習其文化的過程，才是員工學習實踐企業文化的有效道路，一個全新的社會性組織。

　　總結服務業的文化管理最終目的是，希望能夠協助提升服務品質、創造忠誠顧客並深化競爭力的文化，而企業站在二十一世紀服務的浪濤上，依靠的是形象信賴、品牌信賴而帶出的文化信賴，企業並

迪士尼是服務業，而其文化的核心內容，會因不同的角度而有不同的詮釋，但其服務文化的設計，都會依循平易近人的敘事模組，並在故事的鋪陳中，注重音樂與娛樂，英雄、美人、夥伴、惡棍，角色關係與道德規範，過程中不會落入俗套，且能夠在規劃的故事中發展，迪士尼是美國企業，所以它遵循主流美國價值中的個人主義、樂觀主義及邪不能勝正的標準文化觀。

因文化服務的貢獻度，而創造出內外環境的和諧順暢，而推動企業能夠持續發展的戰略，是各個企業能否將外顯文化與內隱文化交互運用於企業、員工及顧客上，才能夠證明我們已經進入了有形產品服務化無形服務有形化，及擁有經營服務文化能力的證據。

在這樣一個變革時代裡，服務業的發展和服務的品質已經成為產業發展的主要目標；而服務文化已經成為競爭經營的主要內容，服務和服務文化亦已成為社會的主軸。許多優秀地區、優秀企業的創新實踐、觀念經驗需要傳播與普及，更多的服務文化工作者需要瞭解更多的訊息資源，指導自己的工作。而這一切一切，都需要一個交流的平台，才能推動服務品牌升級，在服務競爭力提升中發揮更大的作用。

Chapter 14

限制理論如何應用於服務業

前　言

　　服務業邁入二十一世紀的今天，市場上各行各業的競爭與淘汰愈來愈激烈，企業大者恆大、小者愈小的情況，也就更明顯了。每一家服務業都在思考如何永續的存活下來，並且留住顧客的心，必有其正面效果，相對的，舊顧客的流失，也一定有其理由。故在二十一世紀高經濟成長加深市場競爭與顧客服務的需求程度，更迫使服務業得重新評估其改善營運效率與獲利的技術與能力。

　　近年來全球的服務產業有大幅變化，除了服務上的競爭壓力之外，尤其是兩極化的高低價服務需求大行其道，例如餐旅業、流通業等競爭性的行業，要成功的從這輪替的環境走出來，其手段主要在於刪除無成本效益的運作程序。這些情況加重銀行得提升運作效能的壓力。例如以下就不同產業及相對應於高價及低價服務的影響事項說明如**表14-1**。

表14-1　不同行業高價服務與低價服務的影響

行業別	高價服務	低價服務
餐旅業	2012年，搭A380遊世界，22天每人125萬的高價，二人即能成行。	路邊攤、自助餐或有些感覺還不太貴的吃到飽餐飲業，都算是低價服務，而旅行業搭配紅眼或促銷班機，所推出的跳樓套裝行程，都是屬於低價的服務業。
流通業	透過高質量的附加增值空間，提供消費者高價服務，例如頂級百貨業，除了銷售產品外，更是銷售傾聽、關心及細心的服務價值。	低價服務的流通業，除了提供產品買賣的基本場域外，因應產品的競爭必須提供媒體效應的低價產品，才得以永續經營，當然低價服務是其特質。
技術服務業	客製化的頂級服務，是消費者尋求高品質的技術及環境設備的服務，雖然其對於是項技術是陌生的，但彼此之間存在絕對信任，而企業就會向顧客收取高價服務的費用。	沒有絕對的客製化，但還是會因為對象、場域的改變，而變為平價的服務，因為這時行業追求的就是大量的消費者，這時品質因低價而會有相對的降低。

都會區愈來愈多餐館以定食的餐飲並明確的標價呈現，吸引上班族群光顧

　　科技創新的影響，爲服務業創造新的產業機會，並鼓舞每一位服務人員去開發積極的策略，以強化其競爭局勢。在二十一世紀已居領頭羊的服務業，是應該思考採用現代化的科技技術，並推出有效改善作業程序的方法，以及降低經營成本、提升業務收入和確保服務品質的創新策略。但若僅僅取得新科技尚不足以強化服務業的市場競爭優勢。因而必須開發有創新的科技導入與管理策略，並專注於程序改善爲焦點，提升顧客滿意度。這些策略也必須指出目前和未來的顧客需求，以及開發科技的計畫，方能有效支撐相關需求。服務業能具體落實這樣的任務，就會成爲市場的領導者。

　　服務業可以採用現代管理方式，例如全面品質管理（Total Quality Management, TQM）及企業流程再造（Business Process Reengineering, BPR）等工具，以利企業達成競爭優勢。但最近十年限制理論（Theory of Constraints, TOC）已經成功的使用在很多的製造業，並持續改善企業相關的競爭力。然而，應用於服務產業的案例並不多見，

故面對服務流程的限制（constraints）提出如何應用限制理論的管理準則，進而達到改善作業程序以取得競爭優勢。

將TOC理論導入作業程序管理的關鍵，即在界定出系統中的限制因素，其基本的原則為（如**圖14-1**）：

1.界定系統的限制因素。

2.決定如何使限制之產出極大化。

3.非限制因素配合限制因素之決策。

4.設法提升限制因素產能，使其不成為瓶頸。

5.決定新的限制因素，回到步驟1。

應用TOC的五個步驟進行作業程序效率管理時，首先需界定出資源的產能限制（步驟1）；然後對此產能受限的資源，進行工作執行順序的時程安排（步驟2）；其餘資源的排程則以支援限制資源的排程為目標（步驟3）；接著將關鍵資源緩衝（Critical Resource Buffer, CRB）置於關鍵活動，亦即產能限制資源（Capacity Constraint Resource, CCR）活動之前（步驟4）；緩衝是為防止先前活動延遲時產生等待的情形，最後增加瓶頸資源產能來減輕資源需求壓力，如此該資源將不再

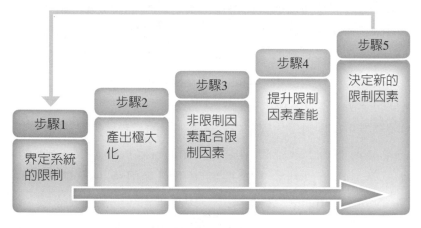

圖14-1　應用限制管理改善作業程序

是瓶頸，而新的瓶頸資源將需重新界定（步驟5）；這時管理工作又回到步驟1。以上五步驟是限制理論的基本操作程序，以下會針對其目標、特性、績效評估架構、作業流程、緩衝管理、思維及典範部分深入說明。

 # 第一節　服務業的關鍵目標與特性

　　無論服務業是否計畫朝向世界舞台發展，品質都是最重要的基石，是服務業重要的關鍵目標，**圖14-2**是服務業的目標策略示意圖。2010年喜歡網購的消費者，對阿舍乾麵發生糾紛的新聞一定不陌生，其商品熱門的程度，要消費者等上半年才可領到貨，然而好不容易累積的商機與商譽，卻因生產流程的疏忽及客戶服務能量不足，而在一夕間被摧毀。相信這不是唯一個案，同樣的情況也會不斷地發生在其他服務業者身上，只要業者未意識到提升品質對企業營運生存的重要性，上述情節就會再度重演，品質的維繫，是源自於無數的細節。

　　事實上，有關服務業品質的問題，可藉由製造業施行已久的精實服務概念改善服務流程、提升服務品質，並透過創新服務，為企業打造精實的品牌價值，但以上關鍵的經營仍有以下幾點的缺失，需我們特別加以注意。

一、缺乏市場可認可的服務價格體系

　　在激烈的市場競爭中，眾多的服務業為了保住市場，不得不採取

圖14-2　目標策略示意圖

低價策略。但是低價策略卻是以犧牲員工的工資、福利和用於公司規範化管理的資金為代價。低工資、低福利造成了行業吸引力較低，導致行業人員流動性大，企業服務品質難以延續，最終也必將會影響企業的長遠發展。

二、服務人員的知識獨特性不高

這部分工作者在企業運營模式方面有著至關重要的影響。但是他們在執行服務作業的時候，卻由於受到教育或實務水準的限制，很難創造出好的管理思想，只能憑藉習慣觀察和經驗積累去分析問題、解決問題，這對企業的長遠發展也是極為不利的。

三、缺乏引導行業發展的核心力量

這部分往往導致一般服務行業長期處於一種無序、惡性競爭的狀態，尤其服務行業若沒有集團的支援，要成功的經營下去是非常困難的。

但服務業的有些特性，若能夠善用限制理論的管理特性，則其有很大的成功機會，**圖14-3**是限制理論與服務特性的關連架構圖。

第二節　服務業的績效評估架構

服務業的績效評估項目，過去是比較著眼於產銷率、庫存投資、營運成本，因為這些數據是可以被計算出來的，而且是可以被評估、被管理的，其目的就是希望能導引企業做正確的事，而不僅是把事情做好。什麼是正確的事？依TOC理論有效的產出就是做正確的事，為了有效評估企業的績效及影響，高德拉特（Eliyahu Goldratt, 1990）定

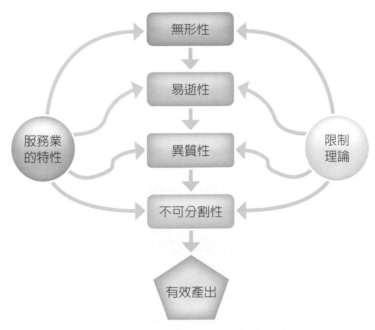

圖14-3 限制理論下的服務業特性

義下列的績效指標：有效產出（Throughput, T）、庫存投資（Inventory Investment, I）及營運費用（Operating Expenses, OE）。有效產出是企業透過服務的作業流程，提供消費者服務所產出的銷售收入。其中庫存是金錢，企業投資於購買或製造能夠協助服務消費者所產出的事物，除了人工與管理費用之外，而營運費用是除了庫存或設施投資之外的所有金錢，及企業用於有效的服務作業流程產出。

以上這些績效指標在過去十年已經非常成功的用於製造產業，其中有關T、I及OE易於量化部分，更鼓舞服務業去評估那些成功應用於製造業的解決方案，企業提升投資報酬率（Return On Investment, ROI）的利益目標，其架構定義為：ROI ＝（T－OE）／I，每一個營利事業都應該有一個目標，而企業的目標應該是現在和未來賺更多的錢，並藉由提升ROI來達成這個目標，而這需要提升T，降低OE，或降低I才能提升ROI（如**圖14-4**）。

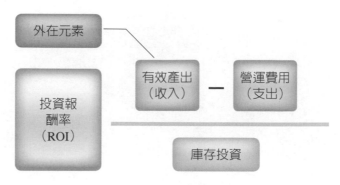

圖14-4　績效指標簡易試算圖

　　企業使用TOC管理方式與傳統管理方式的主要不同之處，在於TOC給予這三個指標的相對優先順序。當大多數的管理人認為這三個指標都重要，傳統的方式傾向認定營運費用是最重要的。而TOC設定不同的優先順序，且建議有效產出應該列於優先順序之首，接著才是庫存與營運費用。為了改善營運績效，首先企業應該努力提升有效產出，然後降低庫存和降低營運費用。由於有效產出是唯一影響ROI的外在元素，應該被提升為最重要的營運指標。一旦企業將其改進聚焦於提升有效產出，那麼對有效產出和獲利能力造成負面影響的限制才能被消除。服務業績效之評估，可依以下三大服務業及三大元素交互說明如**表14-2**。

　　服務業的品質評估首重於消費者的認知，因為品質不在、收入就不在，而利潤更是不在，故服務業只要能夠將品質做得好，客人自然會上門來，除了品質之外，一般服務業的評估則會比較偏重於環境設備使用率及營運成本降低方面思考。

1. 設備使用率：服務業的設備與製造業類似，都是為了協助銷售而設置，製造業是投入原料再經過人與機器設備加工，產出成品或半成品，在原物料廠商可能為中下游使用的原材料，例如中鋼。而服務業提供設備給消費者使用，所以其設備的使用週

表14-2　不同服務業三大元素績效之評估

行業／ROI元素	有效產出	庫存投資	營運費用
餐旅業	提供餐飲、設備、服務及特色產品等銷售收入。	餐飲業的原材料及消費場域設備投資。	主要為人力部分，其他費用可依不同的場域分擔不同的經營成本，例如場地、媒體行銷。
流通業	除了產品微薄價差收入以外，就屬銷售過程的附加增值空間。	展售商品即為明顯的庫存。	主要為人力部分，其他費用可依不同的場域分擔不同的經營成本，例如場地、媒體行銷。
技術服務業	服務的商品是以提供專業與技術、解決消費者問題或滿足其需求收取服務費用。	提供少部分的服務設備及庫存投資。	主要為人力部分，其他費用可依不同的場域分擔不同的經營成本，例如教育訓練。

　　轉率就會變得相對重要。

2.營運成本：服務業的營運成本大部分會落在服務人員的人事成本上，因為服務作業流程大部分是透過人與人互動，才能夠獲得應有的利潤。至於環境設施的建置維護成本，會因不同行業別而有很大的差異，故成本的計算必須將這部分計算進去。

 第三節　限制理論下的服務作業流程

　　大部分的服務業都是依賴標準的作業流程（SOP），才能夠提供完整的服務給顧客，而各行業的標準作業流程都需要因地、因時制宜的做局部修改，才能夠適應時代的潮流需求。在限制理論下的作業排程方法，最主要的目的，就是突破作業的瓶頸，**表14-3**是針對在限制理論下傳統的服務作業系統分項說明其特點。

　　服務業的瓶頸對產業的影響，遠甚於製造業，因為服務業是以人力成本為主的計算模式，故就經營的商業程序來看，成本相對於業務損失就會增加，而價值確是由服務品質下降，直接影響消費者的價值認可，最後則因為資源利用不足、顧客失望造成利潤的下滑（如**圖14-5**）。

　　限制理論則為了因應作業系統的諸項特點，提出同步作業排程方法，目的希望能夠提高有效產出的營業收入及同時降低營運費用，若服務的過程中有存貨的壓力，在同步作業排程中也會一併提出解決方

表14-3　限制理論下的傳統作業系統特點

作業系統特點	特點說明
相依存關係	服務流程中往往會因某一站的服務水準或能力，而影響整個企業的服務平均品質。
統計變動	如果某一站因服務人員的個人或設備或材料疏失因素，往往會直接影響整個企業的服務品質。
不確定因素	流程中常常存在於莫非定律，因為在某一站因故造成企業的產出品質，那這一站就會常常出錯。

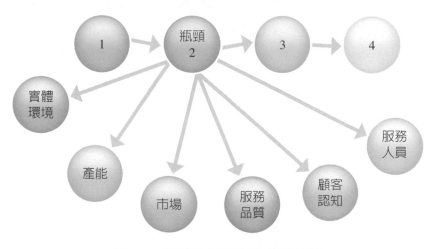

圖14-5　服務業的瓶頸對產業的影響

案。服務業中的同步生產是一種有系統的作業流程方法，它能夠配合市場的需求，將服務的需求項目快速及平順地通過流程中的企業、設備、人員及材料的各項資源。

限制理論利用鼓—緩衝—繩子的作業排程策略及專案管理，大部分的服務業其作業順序安排是比較不注重可用資源，只有在資源矛盾時才會進行平滑式的排程調整作業。而限制理論的關鍵鏈（critical chain）排程方法，則是以資源耗用最多的活動，所形成之關鍵鏈作為系統之限制因素，來進行專案排程之安排。因此排程之派工策略，可分為以活動為基礎之排程模式，及以資源為基礎之排程模式。

以活動為基礎之排程策略，在進行派工時，是考慮活動的順序與時間，只要滿足活動之順序即可進行派工，而在派工後，再依活動所需投入資源進行資源平滑調整，來決定活動之期程。此種派工模式，將產生流程的服務作業等待情形，因此需要不斷地進行調整以利有效產出。

至於以資源為基礎之排程策略，則是以系統的瓶頸資源，作為系統之限制因素，來決定活動之排程。其他非瓶頸資源之活動，則以配合瓶頸資源之活動來進行排程。此種排程策略雖無法縮短專案期程，但因為可消除活動間的等待情形，可使得系統的產出極大化，是關鍵鏈排程策略的優點。

第四節　品質導向的緩衝管理

在服務作業流程中，為了減少顧客在消費的過程等候的時間，所需增加的人力或設備，在限制理論（TOC）的論述下可稱之為緩衝，服務流程的支撐點即為限制（瓶頸），而涉入的點可以是匯集點、分叉點或服務的產出點，因為只有在關鍵作業的瓶頸點上設保護，才能對於產出的目標，具有實質的意義，而不應該在沒有嘗試找到企業的

限制，就把它設在第一點上，如此就造成服務流程上到處都是閒人，因此延伸出的問題就是服務品質的低落，及費用成本的提升，而這絕非是企業所樂見的（如**圖14-6**）。

要突破服務作業流程的瓶頸，就必須利用支撐點的瓶頸作為鼓聲，引導整個服務的節奏，因為這一連串的服務作業流程，其品質的好與壞，會是由最脆弱的一段服務作為支撐點，決定整體的服務品質水準，所以緩衝的有效管理，就是增加服務的時間或空間，支援有效產出或如期完成績效。服務業為了挑戰與應變的限制，就是時間或空間的緩衝，而時間的緩衝是需要依賴精實的流程，才能夠達成有效的品質目標，至於空間部分可租、可購等都是可以有效解決的方法。

首先要找出限制理論（TOC）下服務流程的時間或空間阻礙，任何流程都會有限制或阻礙，若沒有阻礙企業的流程，會是追求無限的成長，這是不太可能發生的，所以阻礙的發生多寡直接影響所及就是實際的緩衝會比計畫的少，因為阻礙會吃掉緩衝，所以服務流程在擴展中，為了減少顧客等候時間，達成有效的品質目標，追求最少的緩衝，就會成為企業最重要的努力目標。而服務流程的緩衝，有以下幾點可能的情形會發生（如**圖14-7**）。

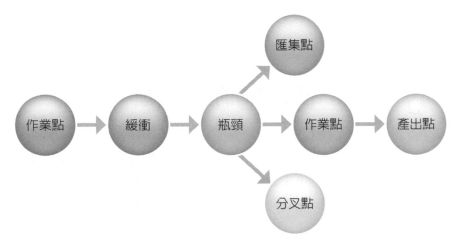

圖14-6　限制理論關鍵作業的瓶頸點

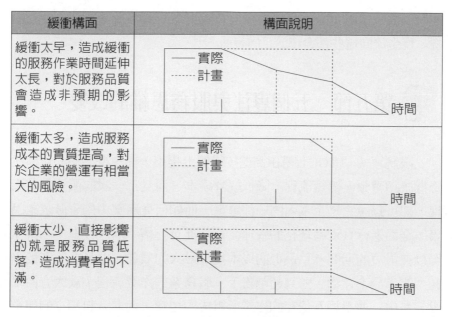

緩衝構面	構面說明
緩衝太早，造成緩衝的服務作業時間延伸太長，對於服務品質會造成非預期的影響。	實際 計畫 時間
緩衝太多，造成服務成本的實質提高，對於企業的營運有相當大的風險。	實際 計畫 時間
緩衝太少，直接影響的就是服務品質低落，造成消費者的不滿。	實際 計畫 時間

圖14-7　限制理論緩衝構面

　　緩衝的大小會隨時間調整，而實際與計畫兩者之間的差異，表示這中間存在阻礙的發生情況，而阻礙的大小可由時間與流程的大小計算得知，並可以利用緩衝追蹤服務流程，找到阻礙是什麼及在哪一段，如此緩衝的洞才得以控制，我們才能夠提出專注的改進方向，例如：

1.流程設計的安排合不合理。

2.設備空間布置及服務人員數量。

3.產品設計、銷售及服務技術改進。

4.人員工作效率提升。

5.內部管理、外部環境的政策影響。

　　針對上述原因作進一步的改進，緩衝的洞就會被有效的解決，差異消失了，而緩衝的時間減少，對企業直接的幫助就是，效率及產出

加大、競爭優勢提升及品質目標被有效提高，最終就是淨利、投資報酬、現金流向這些都會趨於正向發展。

第五節　五個專注與服務思維的改變

限制理論（TOC）是由高德拉特博士提出，其主要的核心目標在降低瓶頸資源、縮短流程、降低經營成本，而且每一次的服務作業流程，都可以說它是企業內的一件專案，而如何從專案中的資源限制因素，全面進行TOC系統化的管理改善，唯有持續不斷地改進，企業才可以在最短的期間，以最低的成本獲得最大的效益，並且能夠在競爭劇烈的市場上存活，並且超越對手。服務業的作業流程，就大方面來說，是由一連串相互依存的作業所組成的組織，而非各自獨立的作業組成的組織。相對於傳統的專案管理，會比較側重於專案中個別活動所估計的時間，進行專案時程的全面規劃，而關鍵鏈排程法，則是將累計的專案保留時間作為專案緩衝（project buffer），利用管理此一專案緩衝來降低專案的遞延時間，確保消費者能夠完整接受到企業提供的服務。**表14-4**是限制理論潛能構面的列表整理。

服務業應用TOC的五個步驟，跟一般企業進行專案管理時有許多相似之處，首先需找出或界定出作業流程的時間或空間限制（步驟1）；然後對此產能受限的資源，進行工作執行順序的時程安排（步驟2）；其餘資源的排程則以支援限制資源的排程為目標（步驟3）；接著將關鍵資源緩衝（Critical Resource Buffer, CRB）置於關鍵活動，亦即產能限制資源（Capacity Constraint Resource, CCR）活動之前（步驟4）；緩衝是為防止先前活動延遲時產生等待的情形，最後增加瓶頸資源產能來減輕資源需求壓力，如此該資源將不再是瓶頸，而新的瓶頸資源將需重新界定（步驟5）；這時管理工作又回到步驟1。

表14-4　限制理論潛能構面

潛能構面	構面說明
步驟1 找出或界定系統的限制	服務作業過程中瓶頸現象比比皆是，例如以下幾點： 1.流程設計的安排合不合理。 2.設備空間布置及服務人員數量。 3.產品設計、銷售及服務技術改進。 4.人員工作效率提升。 5.內部管理、外部環境的政策影響。 尤其當需求大於供給時，傳遞的速度變慢了，這時限制就很容易產生，所以需求是需要被有效管理，當需求超過最大供給能力時，潛在業務喪失；需求超過最優供給能力，資源利用不足、顧客失望並對服務品質產生懷疑，需求和最優供給能力水準上就可達到最好的服務品質平衡。
步驟2 充分利用限制	服務業最大的挑戰就是時間與空間，具體的說，如何在需求和最優供給能力水準上找到最好的平衡，而不浪費在瓶頸的時間、資源、人員、設備。
步驟3 全力配合限制 （瓶頸）	非瓶頸作業點，除了產出企業所需要的產品、項目及數量後，可互相配合支援，並可以視閒置時間為機會時間，施以多能工的訓練。
步驟4 提升企業的限制	加人、加設備、加班都是針對時間及空間的瓶頸，而充分利用原有的作業流程重新改造，並重新評估現有不合時宜的政策、規定、作業程序。
步驟5 別讓惰性成為限制	當資源不再是瓶頸的時候，而新的瓶頸資源將需重新找出或界定（步驟5）；這時持續不斷地改進，才能讓管理工作回到步驟1。

　　大部分的服務業皆是以時間及空間作為競爭的武器，那什麼樣的服務才具有競爭性、低成本、高品質及快速服務呢？企業為了留住顧客及擴展顧客基礎，突破現有服務作業流程是必須走的一條路，企業必須改變與改進，因為任何的改進都需要改變，而任何的改變卻不一定會是改進，除非你知道產品與程序的問題所在，否則改變方法、程序、設備及工具都不是導入的手法，因為無法澈底解決該項深層的問題，所以能夠持續改善的企業，才是我們追求的服務標的。

第六節　限制理論的典範價值

典範的改變是比較側重於思考，而這些改變都是朝向符合與超越顧客的期待，同時是指所有成員共同的思維模式，而此模式像文化，能夠支配成員的問題設定與解決方法。典範變革正如現在劇烈變動的環境一樣，因為企業既有的典範已經無法再創造價值的時候，典範變革就變成了企業繼續生存下去的唯一出路。像限制理論五大循環，典範變革可概分為四個階段，說明如**表14-5**。

表14-5　限制理論典範價值潛能構面

潛能構面	構面說明
危機意識形成	當企業經營感受到危機意識時，其就具備了致勝關鍵，因為在企業內，當危機發生時，往往只有少數幾個人會關注這樣的議題，而且多數的中階幹部，甚至是部分的高階主管，更是缺乏危機意識，自然也缺乏對於競業環境改變的面對，我們該如何思考這些問題。 1.積極導入外部資訊。 2.化解與抵制唱衰的勢力。 3.從危機中發現轉機。 4.急迫感是每分每秒。
典範創造	典範指的是所有成員共同的思維模式，而此模式像文化，將支配成員的問題設定與解決方法。策略的執行更需要企業同心協力與持之以恆。 而典範變革依限制理論五大循環可概分為四個階段： 1.危機意識形成。 2.範例創造。 3.普及化與制度化。 4.持續推動變革擴大後續影響。
普及化與制度化	就企業的立場來看，典範的改變將帶來全面性的制度化與普及化變革，它同時將改變社會整體環境、企業流程、組織、產業結構、競爭模式、服務型態，茲分述如下： 1.企業環境：典範必須具有普及化、通俗化、大眾化的特性。 2.企業組織：典範引入之後，企業會因此產生結構性的改變。

（續）表14-5　限制理論典範價值潛能構面

潛能構面	構面說明
	3.產業結構：典範所構築的產業結構，可能使優劣勢移轉，進而造成產業結構性重組。 4.競爭模式：典範的改變能夠加強差異化，成為普遍的競爭重點。 5.服務型態：典範同時會影響售後服務、訂單等服務有效化。
持續推動變革擴大後續影響	藉由持續改善，就是創新顧客認為重要的事物，即能擴大後續影響並達成改變。

當基本典範能夠透過企業去呈現服務人員的態度和行為時，其改變的成效，就長期而言是顯著的，改變非一蹴可幾，而且必須要設定優先順序，例如滿足客戶需求、資源充分利用，不得閒置、最低服務人員，這些皆屬服務作業流程的思維改變，而其流程的思維改變可以用**表14-6**加以說明。

當服務業藉由持續改善，創造出顧客認為重要的事物，即能達成改變。但回歸到人的惰性，凡是牽涉到的任何改變，必然都會觸及當事人的心理反應，因為大多數人普遍存在有拒絕改變的心態，因此TOC也因而發展出一套「克服六層拒絕改變的心態」（Overcoming 6 Layers of Resistance To Change）的管理技能，並指出，當員工拒絕改變時，問題是不會有所改善的，而抗拒改變的六個層次為：

1.我的問題有被指出來嗎？

2.解決方案的方向是對的嗎？

3.解決方案真能解決所有問題嗎？

4.解決方案會出什麼問題嗎？

5.解決方案可行嗎？

6.說不出來的恐懼？

表14-6　限制理論典範價值流程思維改變

流程的思維改變	改變項目說明
1.透過意識改革建立典範變革的共識	最佳手段就是進行教育訓練
2.運用可視化服務流程增強消費者的品質認知	生產料架條碼標示快速輔助指引
3.產品設計流程創新再造	減少組裝品質風險並保留資訊
4.服務流程平滑化	有效連結人力與品質的關連性
5.著眼於效能重於提高效率	從手段著手追求有效的效益產出
6.服務的品質策略為TOC & FMEA（失效模式效應分析）	有效降低品質風險並推動持續改善制度

　　以上六個層次的抗拒改變，其核心就是企業內部有效的溝通平台，因為員工從進入公司開始就大量的溝通活動進行，不論是下對上的進度報告、上對下的資訊發布等縱向溝通；或是跨部門／企業協同合作等橫向溝通。而這溝通是否正確、及時、有效率，將是員工抗拒改變的關鍵。為降低溝通瓶頸，建置高效率的企業溝通平台，使人與人之間的口頭溝通，轉換成文件化或可事後稽核驗證的資訊流，便是提升溝通的正確性、及時性及有效性的最佳解決方案。

　　同時藉由持續改善，及有效的思考程序，是可以讓人們有能力以邏輯和系統的方式回答服務思維的改變時必會問的三個問題：

1.要改變什麼？（What to change?）定義（找出）核心問題。
2.要改變成什麼？（What to what to change?）找出核心問題的辦法，並確認此辦法不會產生其他問題。針對解決核心問題策劃具體的且適當的改善方案。
3.如何改變？（How to cause the change?）

　　這些管理技能可用於「化解日常的衝突」、「授權」、「團隊建立——達成挑戰性目標」、「構建良好的方案——消除負面效應」等方面。

　　限制理論的核心系統思考，爲一種有效能、能顧全大局之問題解決方式；它啓發個人與生俱有之理性推論能力，在定義問題時直指核心瓶頸，並藉由釐清具有事實根據之內在經驗、直覺和外來之資訊等，浮現其隱藏不顯之假設認知的過程，以建構具有嚴謹因果邏輯之系統論述，並激發有別於原先作法之創新解決方案。因此TOC系統思考工具的開始都是因爲發生了「問題」，再運用TOC三個關於改變的問題，以解決我們所遇到的問題。爲了思考這三項改變問題的答案，同時讓需要接受改變的關鍵人物完全認同，於是TOC系統思考發展出一組通用的思考工具：(1)Cloud圖（疑雲圖），可以用來化解衝突，創造雙贏；(2)NBR圖（負面圖），瞭解負面效應的發生，化解負面分歧；(3)PRT圖（遠大目標圖），凝聚執行步驟圖、落實步驟執行、達成目標（如**表14-7**）。

　　以上思考工具，是TOC運用「普通常識」之道，能夠輕易的促使組織與個人能夠達成持續、自律的改進，如此企業才能善用以上之思考模式，協助企業有效解決諸項問題，才能達成目標之內容情境。

表14-7　限制理論思考工具

思考工具	工具說明
Cloud圖（疑雲圖）	TOC系統思考之疑雲圖工具，藉由「五個引導性的問句：我方想要什麼？他方想要什麼？我方的需求是什麼？他方的需求是什麼？我們的共同目標是什麼？」解析衝突問題之細節。可以用來化解衝突，創造雙贏。
NBR圖（負面圖）	負面圖是瞭解負面效應的發生，化解負面分歧，TOC系統思考工具中，用以分析資訊間之因果邏輯關係的工具，它幫助我們給予對方建設性的批評。
PRT圖（遠大目標圖）	遠大目標圖是一個具有結構的思考工具，它能夠幫助我們達成當初認爲不可能達成的任務。凝聚執行步驟圖、落實步驟執行、達成目標。

　　我國中部地區是機器產業的重要工業區，其中A科技公司，為了
因應消費性市場的劇烈變動之特性，與需求愈來愈短的產品生
命週期衝擊下；企業不適當的庫存管理勢必會造成產品的跌價
損失，進而侵蝕獲利水準。然而企業引進限制理論的庫存管理模
式，並善用緩衝原理的槓桿操作，使得庫存明顯的降低並幫助公
司善用整體的庫存，以達到滿足客戶的急件出貨需求。

Chapter 15

服務業的未來

service

在全球的經濟成長背景下，大部分的先進國家中服務業的GDP，占全體的經濟產值有相當大的比重，而台灣在2010年整體服務業占我國GDP總值的比重約七成，服務業人口約占六成，而且可見的未來仍有往上爬升的趨勢，所以未來十年的服務業發展，政府必須思考全球化的服務產業，尤其應說關注的就是解除限制全面競爭的時代潮流已經到了，尤其是近年來，隨著全球自由化經濟政策的推動，及服務科技快速進展及顧客的高規格服務需求，無疑的，它讓大家深刻感受到台灣的服務產業結構，已經是大家必須給予嚴肅面對的課題了。

自由化的實施，影響服務業最大的應該是價格策略，因為這完全會由消費者來決定，因為售價不會是由企業單方面決定，而是決定於產品或服務能讓顧客感受到多少價值，這是服務業重要的改變時刻！因為服務業追求高品質及合理價格是未來主要的營運策略，服務的價格策略因此可以調整到合理的價位，並提供消費多元化的服務體驗，藉以滿足市場上各種不同的服務需求，企業並因而找出未來服務業的機會。

在製造業的經營領域中，各類現代的管理哲學及技術已被開發且被成功應用於經營管理的實務上，反觀當前服務業所面臨的自由化競爭壓力，更類似於製造產業在過去十幾年所遭遇的情況。雖然大部分的服務業是屬於人與人互動為主的產業結構，所以策略上必須以科技取代人力的發展，因為如此才能降低服務過程中因為人的多變，因而產生服務品質的難以預測，但高品質的服務目標追求，也需要藉由相關中高階管理人才的轉進，才能促使更多高素質的服務人力投入該產業，藉以提升服務的生產力及人力資源的有效重分配。而過往製造業的成功營運模式及人力資源的培育，大都依賴有效的科技資訊化支撐，而這更鼓舞服務機構願意去評估，那些成功應用於製造業的解決方案，是否可適用於服務業的問題。

其實服務業也有很多地方值得製造業學習，例如因服務的不可分割性，產銷之間的密切協同作業、因無形性的服務特質，更是大量運用資訊換取更多有形的產品、在不增加存貨的條件下，運用易逝性的

特質協同做好供需的品質控制，以及為了服務特定的顧客，整合相關的供應鏈，建立起一條異質性協同的服務新途徑，這些都是利用資訊科技來管理服務業，才能提供更便捷之服務作業品質與更精緻之服務價值。服務業未來的發展不但會促進整體經濟持續的成長，並且若能善用製造業的管理經驗，如此會對第三產業的經營管理，產生消費者更多多樣性角度的需求。

第一節　自由化下的服務業

過去台灣經濟發展模式向來以出口導向為主，產業發展方向也以出口競爭力為依歸。這種發展的模式，使台灣自七○年代就與全球的經濟體系有了密切連結，並因此累積了相當強的經濟實力。然而產業面臨轉機的時代，服務業正面臨了前所未有的危機，而這毫無疑問的與當前的全球化趨勢有著直接的關連，因而導致台灣勢必要找到符合

台灣好山好水，休閒產業是未來服務業發展重點

獨特性的服務商品，因為當台灣產業轉型走向自由化與國際化的方向時，經濟上除了貿易自由化外，尚包括服務業需要進一步開放；尤其當ECFA的簽署後，將會帶來更多大陸服務業市場的發展與經營，包括通路（零售）、醫療、銀行與技術服務等，這雖然是有助於我業者開拓大陸服務業市場，並提升我服務業國際競爭力及逐步布局全球，但相對台灣的服務業務必也要面對產業及內需國際化的全球化重新布局（如**表15-1**）。

為了配合所得成長及提升生活品質所發展出來的這些產業、生活方以及營業模式，我們可以透過對外投資，以及建立加盟或連鎖店等方式與國際接軌，尤其服務業的自由化政策開放，更促使國內有些服務業的發展藍圖被提早勾勒出來，而這趨勢在未來勢必對相關的服務產業造成極深遠的影響，而這些改變的力量就是產業國際化、內需國際化的環境改變。但服務業在過去是以工業為主的背景發展

表15-1　服務業國際化發展

服務業發展	項目內容說明
產業國際化	在國際化、自由化的產業競爭下，國民所得的成長，相對的許多低技術的製造業會被低工資的國家取代，這就形成了服務業需求性成長及高技術的製造業再度被開發，但製造業在總生產和就業中之比重下降的同時，服務業的比重也就會自然增加。在初期因服務業的初萌芽，所以有些需要運用比較多知識和技術的製造業，仍然需要較多國際性的跨國服務業來協助，主要是因為開發中國家較難有這一類的服務經驗。
內需國際化	消費者的需求性結構，會因為人民所得提高之後，大部分的物質享受已經得到滿足後，理所當然就會想擁有較高的生活水準，而提升消費者的生活水準及生活品質這方面的改變，大部分是需要靠跨國服務業作為先導或合作才得以提供相關的水準服務。尤其是除了傳統的吃喝玩樂物質享受外，就屬服務品質和服務文化的內涵提升才能讓人們更滿意。提供這方面發展的服務業，概括稱之為提升生活品質的服務產業，包括休閒旅遊業，對老人、小孩與家庭的照顧服務業，以及提供資源回收和環境維護等能夠改善生活環境的產業，都是我們應發展的方向。

下，不是被忽視就是被限制，但是到了服務業占我國GDP總值12.6兆元的比重達73.2%的條件下，未來仍有往上爬升的趨勢，政府必須開始思考在穩健發展的策略性要求下，解除服務業限制以利進入全面競爭的服務時代。

　　從消費者立場來看，服務業越開放，彼此良性的競爭，才能夠提供更便宜、品質更好的服務，如此消費者支撐產業的向上發展，而產業擁有價格自由化的好處，這可說是我國服務業發展的第一個重要方向。若從積極促進產業發展的角度來看，我們能多發展那些可以協助製造業或其他產業升級和知識化的服務業，如此製造業也可以得到更好的發展。這種支援產業升級和知識化的服務多樣化，則是我國服務業發展的第二個重要方向。最後為了因應國際貿易愈來愈自由化，如金融、全球運籌、教育、資訊服務、技術交易及人才派遣等產業，企業要發展其營運的策略及成本，就必須要有一流的、先進的現代化管理手段作保障，而資訊化正是實現現代化管理的基礎和前提。在服務全球化的大背景下，以管理資訊化技術為支撐的現代管理，則是我國服務業發展的第三個重要方向（如**表15-2**）。

表15-2　服務業全方位發展

全方位發展的三方向	內容說明
價格自由化	政策性解除服務業某些限制，對不同的行業有不同的效果，例如農漁牧業因缺乏國際競爭力，因此，開放市場及減少補貼是必須面對市場競爭必走的一條路。對於服務業開放限制及解除，更是促使服務的價格可以自由調整到適當的價位並回歸市場價格機制，例如石油、電信、銀行、交通等與民生相關的產業。
服務多樣化	消費者因自由化的開放性產業，使得服務業能提供更多樣的服務機會，以便滿足市場上各種不同的需求，例如交通有飛機、高鐵、客運及台鐵，消費者可依價位需求、服務需求、休閒需求而選擇不同的交通服務，有些行業因法令限制，不能做廣告，而現在因解禁，大量的廣告也同時讓我們有更多的選擇，例如菸酒廣告。

（續）表15-2　服務業全方位發展

全方位發展的三方向	內容說明
管理資訊化	自由化的價格與成本策略分析，必須仰賴更好的資訊管理，才能將全部或大部分的成本反應至價格上，但由於市場的全面競爭，使得一些服務的價格，隨著市場的供需而有所變動或中止服務項目，而這些有效管理，使得服務業的經理人覺得，必須以更好的資訊化來管理服務業。

　　我們要發展這些服務業，必須體認到經濟自由化是由市場決定遊戲規則，並因此取代政府的管制與干預，但企業要如何面對自由化的挑戰，導因於過去有些產業受到政策管制或保護才得以生存，而今保護傘被打開了，企業為了生存就必須更用心去經營，許多不能因應時代潮流的公司也會被淘汰。從交通到電信業，自由化使得企業更重視範圍小但目標明確的市場，並繼續提供多樣化的服務，供顧客選擇，儘管如此，企業在重新調整行銷策略時，資訊科技的發展，也會使得服務業重新設定與過去的行銷模式截然不同（如圖15-1）。

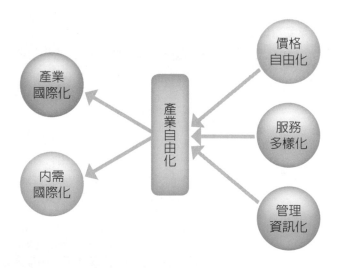

圖15-1　服務業產業自由化

第二節　服務創新下的科技化與生活化

　　Carter與Calamtone（2002）認為創新是由對新市場或新服務機會啟動的技術為基礎的發明，導致發展、生產、行銷，使得該項發明能成功商品化的循環再創新。Govindarajan與Trimble（2005）將創新分為四種不同類型：持續性的流程改善、產品或服務的創新、流程革命及策略性創新（如**圖15-2**）。而持續性的流程改善對於提升服務品質有漸進性的效果；產品或服務的創新則是競爭力的概念，同時也會改變企業的經營模式；流程革命是指改善現有的服務流程，方式是透過實行重要的新技術，促成全新的服務能夠面世；最後則是策略性創新，是指創新的策略本身「既不涉及基本技術改變，也不會造成銷售給顧客的產品與服務有任何改變」，這是企業藉以擬定服務的策略及方向，從而落實創新於工作上，就有機會促成公司的成功。

　　現代服務業為了可以滿足各式各樣的交易，例如現代人的食衣住

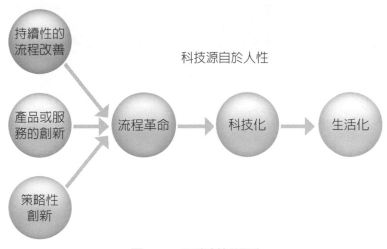

圖15-2　服務創新類型

行育樂，幾乎都是透過科技化而完成的程序服務活動，但服務業的作業大部分無法自動化，所以仍然需要大量的服務人員，才能配合科技化的產品來服務消費者。這其間牽涉到流程、產品、設施及服務人員的整體品質表現，而企業必須具備有效的資訊技術，才能驅動服務業的科技化與生活化，所以我們可以說：服務創新始於科技化，而科技是要滿足人類的生活需求，所以資訊化科技（IT）的發展，確實會對社會的改變、經濟的趨勢及資訊的創新帶來前所未有的衝擊（如**表15-3**）。例如旅遊產業價值的創新部分，其核心活動對於服務的流程、服務的提供方式及顧客的交易經驗會有很大的影響，才能創造服務創新下科技化與生活化的服務業價值鏈應有之角色，例如**圖15-3**的核心活動說明。

表15-3　服務業科技化的發展構面

服務業科技化的發展	構面說明
社會的改變	客戶價值深化，鼓勵廠商以服務客戶角度出發，除提供客戶「製造」的服務外，亦提供客戶多元化的加值服務，提高客戶滿意度，強化客戶關係，增加製造廠商附加價值。例如成衣代工廠從單純代工製造到提供客戶更多的加值服務：研發與生產、趨勢與設計服務、供應鏈管理、配銷與資訊服務。
經濟的趨勢	製造價值延展，鼓勵廠商從優勢的製造技術，發展為服務商品或衍生新服務事業。例如影印機製造公司從銷售影印機到提供客戶影印機租賃維護服務。
資訊的創新	新服務事業，鼓勵廠商研發前瞻性應用服務產品，以帶動新製造或服務商機，進而促成新的產業價值鏈。MP3播放器＋線上音樂下載平台結合硬體系統服務平台創造新的應用，進而帶動周邊商品或與異業進行合作。

核心活動

市場研究　產品企劃　採購作業　接單作業　控團作業　旅程服務　客戶價值

圖15-3　服務創新核心活動

　　爲提升服務品質及顧客滿意度，極爲重要的關鍵點則是如何妥善的運用資訊科技之技術，統整企業與顧客的關係，以及規劃內部資源的供需資源配置與管理。從當前服務市場上的競爭情況來看，服務機構使用的策略要素包含品質（quality）、可得性（availability）、顧客服務（customer service）及時間（time），而傳統營運方式難以控制服務品質和效率，故爲了加強自由化後全球市場上的競爭優勢，可參考將製造業的營運方式運用到服務業，例如採用自動化裝置等現代設施來裝備服務系統，藉以提高有效產出及持續尋找改善的方法。服務業也可以與製造業一樣，盡可能對服務流程、產品及設施進行分析，盡量減少其中人爲的可變因素，分析服務運轉的各個階段，在適當的地方採用機械和自動化設備來代替勞力密集型勞動，並使之標準化。這是藉由服務創新轉變對服務科技化及生活化的不同看法。

　　近年來由於服務業的科技化的應用，有了非常跳躍式的發展，尤其是與服務人員相關的接觸部分，爲了穩定服務品質，及打破原有服務業的作業型態和服務傳遞的方式，例如餐飲業、流通業、科技服務業，都競相提出以科技爲基礎的發明，例如遠距交易的傳遞服務方式、自動銀行櫃員機、觸摸式平板電腦點餐，其目的就是減少服務人員面對面的服務品質失誤。資訊是流通業的中樞神經，因爲其存在的意義，就是代表該產業是無限存貨的經營模式，尤其是當消費者買不到貨時，如何藉用資訊科技完成消費作業流程。雖然資訊科技提升和消費者之間的服務品質，例如全國戶政資訊平台，可以提供民眾不在地的大部分服務。但冰冷的科技仍需從故事創意服務出發，才有長久存在的價值，畢竟科技化是由許多的自動化機器整合而成，而很難具備有人的思想及行爲，但進入與人息息相關的服務行爲時，其缺點卻不得不提出以示警惕，例如毫無感情缺乏互動的call center、資訊安全的妥善性等，都是值得我們深刻檢討完全的科技化及不完全的人性化所帶給我們的衝擊，**表15-4**是針對科技化的優缺點分別說明。

表15-4　服務業科技化的優點與缺點

優點	缺點
傳遞服務標準化	價格競爭
降低服務業者的成本	資安考量
便利顧客	區域競爭
擴大服務的配銷	習慣不易改
來自顧客快速回饋	客製化不足
	廣告自主意識提高

 # 第三節　後ECFA時代下遍地開花的服務業

　　後ECFA時代，服務業占全國70%以上的GDP（國內生產毛額）而且還不斷地大幅成長，但成長果實卻不容易讓國人雨露均霑，這就坐實了有些學者的論述，貧者越貧富者越富，既然我們改變不了ECFA的政策潮流趨勢，那麼就可以思考在第三產業服務業的價值鏈中，想辦法找回未來的「黃金十年」。雖然政府有服務業的發展策略，例如觀光服務業、醫療照護服務業、文化創意產業、精緻樂活農業、物流服務業、電信服務業及技術服務業等服務藍圖，這亦彰顯我國未來產業發展的主要方向，將由製造業轉為高附加價值的服務業。但鳥瞰台灣的服務產業架構，是否仍要從財團的角度及思維，來大力發展財團式的服務業，雖然大部分的服務業要能夠營運及成長，是需要透過大企業的知識及經費的不斷累積，才具備有效服務的產出。但回過頭來探討服務業的發展特徵，它常常會是從生活與文化的角度出發來探討，而這些在地型的產業發展模式，在服務的流程中越小越好，也越能滿足市場需求及確保服務的品質。例如社區型、品牌型、國家型的連鎖產業，因為這些服務業有一項重要特色，就是自己可以當家作主，但這方面的經營有服務經驗標準化、營運管理培訓化、解除限制自由

化、品牌國際行銷化,以及資金融通國家化等體質調整的需求,這時政府就可借助跨國服務業的經驗提升本地業者的經營經驗,如此遍地開花的服務業,解決了就業合理及貧富差距的問題,而且也提供了產值與就業比重不良的產業問題,例如住宿及餐飲業、教育業及醫療保健社福等產值。

連鎖業的發展是全球化的共同趨勢,這幾年來,台灣連鎖加盟體系蓬勃發展,除了便利商店外,一些傳統產業以及商譽卓著的知名直營連鎖體系皆相繼投入加盟的行列(侯君儀,2001)。連鎖經營成為現代化的趨勢,主要是來自於規模經濟以及範疇經濟所帶來的好處,如共同採購、共同配銷、經營能力的移轉、共同事業形象的建立等(許英傑,2001)。王聰叡(1985)指出,連鎖式加盟經營是零售商獲取規模經濟利益最有效的方法之一,除了多店鋪能增加銷售額之外,連鎖經營的集中採購可以增加對上游供應商的談判力,管銷費用也可以分攤降低,連鎖店在經營成本上比非連鎖店具競爭優勢。而其連鎖經營主要具有所謂「3S」之特性,分別是:

1. 簡單化(simplification):即工作是由於總部的協助而趨於簡單,包括了作業程序簡單化、工作的簡單化。
2. 專業化(specialization):即工作分工詳細,員工亦偏向專業。
3. 標準化(standardization):即經營上都具有標準形式,由總店採購、訂貨,統一分配到分店作業,都依照標準程序完成。

而企業形象標準化,則是同樣店面招牌、同樣裝潢、員工制服等,甚至廣告宣傳、公益活動、促銷標價等均達一致標準。依據垂直行銷系統的觀念,連鎖經營型態大致可依所有權集中情形,分為直營連鎖(regular chain)與加盟連鎖(corporate chain);而加盟連鎖依發起者不同,又分為自願加盟連鎖(voluntary chain)、委託加盟(cooperative chain)與特許加盟(franchise chain)連鎖。茲將上述之連鎖體系經營型態整理如**表15-5**。

表15-5　連鎖體系經營型態

潛能構面	構面說明
直營連鎖（RC）	由總公司掌握所有權，同時經營兩家以上性質相同的商店且均為總公司直接投資，一切的營運方式需聽命於總公司的指揮，以獲得規模經濟，提升整體之營運效率。
自願加盟連鎖（VC）	係由批發商發起，零售商自願加入，共同訂定契約明定總部與加盟店間之權利與義務。總部與加盟店各自擁有自主權，總部提供加盟店經營之協助與指導，加盟店各自擁有自主權。
特許加盟連鎖（FC）	採直營加盟連鎖及自願加盟連鎖的優點組合而成的系統，最早由7-ELEVEN引入。擁有特許權的提供者與加盟店主係透過契約連結其關係，由提供者（總部）給予加盟店主有關商品之銷售及經營知識，提供者（總部）給予相對保證，而加盟店主需支付一定的代價，並投入資金，在提供者（總部）的指導下經營事業。
委託加盟	連鎖加盟總公司投資取得一店面後，將之讓與加盟店主經營，總公司與加盟店主之權利義務以契約方式明定之，總公司提供know-how、訓練與指導，並向加盟店主收取一相當代價的費用。

　　基於以上對於連鎖體系的探討，連鎖經營者必須強調連結財團、運用財團、活化財團才能壯大自己，所強調的是企業或商店為節省經營成本，透過集中採購以達規模經濟，藉由標準化、簡單化與專業化的經營模式，達成追求利潤的目標；因此服務業的連鎖供應鏈運作就變得很重要，尤其是將台灣ICT的技術優勢融入服務業的生產活動中，藉以提升生產力與競爭力（這正是服務業科技化），並積極發展知識型服務業，轉化過去裝配製造能力為運籌製造能力（這正是製造業服務化）；同時，兼顧內需市場與服務貿易市場，有效推動觀光業與內需服務業的發展（地方特色產業），並掌握兩岸分工的優勢與經貿正常化的契機，以突破經濟成長的困局。

未來服務業,是知識型的密集服務業,其中以資訊整合後的服務化為重要的標竿,但服務業的個人化生活機能外包服務、科技人的創意休閒服務、消費者的人性需求產業,最後則是高齡化與少子化的新興行業,這些都是新興全球化與中國化的未來服務業,而這些行業都會是與社會非常密切的相關產業。

參考文獻

James L. Heskett著。王克捷‧李慧菊譯（1997）。《服務業的經營策略》。台北市：天下文化。

John Sherry著（1998）。《服務場景》。台北市：五南出版社。

Philip Kotler著，謝文雀譯（2000）。《行銷管理——亞洲實例》（第二版），台北市：華泰文化。

Terrence Deal、Allan Kennedy著，黃宏義譯（1991）。《企業文化：企業文化是公司成功的關鍵》，台北市：長河出版社。

TOC電子報，〈TOC應用於銀行業〉，第48期。http://www.toc-cga.org/newsletter/09_0601_TC.htm。

Tom Duncan、Sandra Moriarty著，廖宜怡譯（1999）。《品牌至尊：利用整合行銷創造終極價值》。台北市：麥格羅‧希爾。

刁明芳（2004）。〈第一線服務生，加油！〉。《遠見雜誌》，2004年11月號，第221期。http://www.gvm.com.tw/Board/content.aspx?ser=10271。

中谷彰宏（2000）。《貴客盈門：30秒就成交50招》。新北市：世茂出版社。

王勇吉（1997）。《行銷管理精要》。台北市：千華。

王聰叡（1985）。〈連鎖經營之規模經濟利益研究〉。政治大學企管研究所碩士論文。

台灣海外網站，〈台灣願景——2015年經濟發展願景〉，http://www.taiwan-us.net/Taiwan_Future/2015/index.htm。

交通部、行政院新聞局、通訊傳播委員會籌備處、行政院經濟建設委員會（2004）。〈通訊媒體服務業發展綱領及行動方案——旗艦計畫：先進寬頻e化服務網路計畫〉。行政院經濟建設委員會，http://www.cepd.gov.tw/dn.aspx?uid=8094。

江岷欽（1995）。《公共組織理論》。新北市：空中大學。

行政院新聞局網站，〈台灣的故事‧經濟篇——從貧窮到富裕的成長過程〉，http://www.gio.gov.tw/info/taiwan-story/economy/frame/frame3.htm。

李明（2009）。〈企業文化的歷史觀〉。當代企業戰略與文化研究中心。

李榮貴（1992）。〈限制理論──製造管理的新觀念〉。《機械工業雜誌》，117期，頁212-223。

李漢雄（2000）。《人力資源策略管理》。新北市：揚智文化事業。

彼得‧杜拉克（2009）。《真實預言！不連續的時代》，台北市：寶鼎出版社。

林政忠。《聯合報》（2010/09/20）。

侯君儀（2001）。〈便利商店〉。《產業調查與技術》，136期，頁81-90。

侯國樑（2001）。〈政府再造行政機關為民服務品質與績效提升策略之研究──從「顧客導向」觀點探討〉。義守大學管理科學研究所碩士論文。

品牌介紹，南方人物周刊網站，http://southpeople.dooland.com/。

張健豪、袁淑娟（2002）。《服務業管理》。新北市：揚智文化事業。

淺井慶三郎、清水滋著，鄒永仁譯（1999）。《服務業行銷理論與實務》。台中縣：日之昇文化出版。

許英傑（2001）。《流通經營管理》（二版）。台北市：新陸書局。

陳耀茂（2004）。《服務行銷與管理》。台北市：高立圖書有限公司。

彭素玲、郭迺鋒、周濟、方文秀（2009）。〈人口年齡結構、所得分配與產業結構轉對台灣民間消費與總體產出之影響〉，《台灣經濟預測與政策》。台北市：中央研究院經濟研究所。

曾光華（2007）。《服務業行銷與管理》。新北市：前程文化事業。

曾光華（2009）。《服務業行銷與管理》（第二版）。新北市：前程文化事業。

曾光華（2011）。《服務業行銷與管理》。新北市：前程文化事業。

費翠（2001）。〈網路市場行家理論驗證與延伸──其網路資訊搜尋、口碑傳播、線上購物行為及個人特質研究〉。國立政治大學廣告研究所碩士論文。

黃旭鈞（1995）。〈國民小學教育人員全面品質管理信念之研究〉。台北市立師範學院初等教育研究所未出版之碩士論文。

楊東震。〈市場定位與消費者行為〉。http://www.sysme.org.tw/youth95/p4/all-p1.htm。

楊錦洲（2001）。《顧客服務創新價值》。台北市：中衛發展中心。

經建會網站，http://www.cepd.gov.tw。

葉鳳強、吳家德（2010）。《整合行銷傳播》。台北市：五南出版社。

廖淑伶（2008）。《消費者行為：理論與應用》。新北市：前程文化事業。

蔡文銘（2003）。〈限制理論問題管理模式之研究〉。中原大學工業工程系所碩士論文。

蔡菁菁（1993）。〈企管顧問公司提供企業訓練之現況探討〉。國立中正大學勞工研究所碩士論文，未出版。

簡建忠（1994）。《績效需求評析》。台北市：五南出版社。

Aaker, D. A. (1990). "Brand Extensions: The Good, the Bad and the Ugly", *Sloan Management Review, 31*(Summer), 47-56.

Aaker, D. A. (1991). *Managing Brand Equity: Capitalizing on the Value of a Brand Name*. New York: The Free Press.

Biel, A. L. (1992). "How Brand Image Drives Brand Equity", *Journal of Advertising Research, 32* (6), 6-12.

Bitner, M. J. (1992). "Servicescapes: The impact of physical surroundings on customers and employees", *The Journal of Marketing, Vol. 56,* No. 2, Apr., 57-71.

Boulding, K. E. (1993). *The Structure of a Modern Economy: The United States, 1929-89.* New York: New York University Press.

Carter, C. R., & Jennings, M. M. (2002). "Social Responsibility and Supply Chain Relationships", *Transportation Research Part E, 38*(1), 37-52.

Carter, C. R., Eatherly, B. O., & Johnston, A. M. (1992). *Pre-algebra.* Cincinnati, Ohio: South-Western Publishing Co.

Christopher, H. Lovelock (1991). *Service Marketing* (2nd ed.). N.J.: Prentice Hall, Englewood Cliffs.

Farquhar, P. H. (1989). "Managing Brand Equity", *Marketing Research, Vol. 1,* pp. 24-33.

Fornell, C. (1992). "A National Customer Satisfaction Barometer: The Swedish Experience", *Journal of Marketing, 56,* No. 1, pp. 6-21.

Goldstein, I. L. (1991). "Training in work organizations", In M.D. Dunnette & L.M. Hough (Eds), *Handbook of Industrial and Organizational Psychology, Vol. 2,* pp. 507-620. Palo Alto, CA: Consulting psychologists Press.

Govindarajan, V. & Trimble, C. (2005). *10 Rules For Strategic Innovators: From Idea to Execution.* Boston: Harvard Business School Press.

Govindarajan, V. & Trimble, C. (2005). *10 Rules for Strategic Innovators: From Idea to Execution.* Boston: Harvard Business School Press.

Gronholdt, L., Martensen, A., & Kristensen, K. (2000). "The Relationship Between Customer Satisfaction and Loyalty: Cross-industry Differences", *Total Quality Management, 11,* No. 4-6, pp. S509-S514.

Gronroos, C. (2000). *Service Management and Marketing: A Customer Relationship Management Approach.* New York: John Wiley.

Hertog, P. den, Rob Bilderbeek, Goran Mark lund & Ian Miles (1998). Services in innovation: Knowledge Intensive Business Services (KIBS) as co-producers of innovation, SI 4S synthesis paper no. 3, published by STEP, Oslo.

Jacoby, J. & Chestnut, R. W. (1978). B*rand Loyalty Measurement and Management.* New York: John Wiley.

Jacoby, J. & Kyner, D. B. (1973). "Brand Loyalty and Repeat Purchasing Behavior", *Journal of Market Research, 10,* pp. 1-9.

Johnston, Robert (1995). "The Determinants of Service Quality: Satisfiers and Dissatisfiers", *International Journal of Service Industry Management, 6*(5), 53-71.

Jones, T. O., & Sasser, Jr., W. E. (1995). "Why Satisfied Customer Defect", *Harvard Business Review, Vol. 73,* No. 6, pp. 88-99.

Kaplan, R. S. & D. P. Norton (1992). "The balance scorecard-measures that drive performance", *Harvard Business Review* (January-February), 71-79.

Kotler, P. (1994). *Marketing Management: Analysis, Planning, implementation and Control.* Englewood Cliffs, New Jersey: Pearson Prentice Hall.

Kotter, J. P. (1990). *A Force for Chang: How Leadership Differs from Management.* New York: Free Press.

Lockwood, Andrew (1994). "Using Services Incidents to Identify Quality Improvement Points", *International Journal of Contemporary Hospitality Management, Vol. 6,* No. 1, pp. 75-80.

Lovelock & Bateson (2002). *Service Marketing in Asia: Managing People, Technology and Strategy.* Prentice, p. 59.

Lovelock, C. H. (1991). *Services Marketing* (2nd ed.). NJ: Prentice-Hall, Englewood Cliffs.

Magrath, A. J. (1986. "When Marketing Service, 4Ps are not Enough",

Business Horizons, 44-50.

McLagan, P. (1989). *Models for HRD Practice.* Alexandria, VA: The American Societyfor Training and Development.

McWilliam, G., & de Chernatony, L. (1989). "Branding Terminology-The Real Debate", *Marketing Intelligence & Planning, Vol. 7,* Iss. 7, 29-36.

Mullen, E. J. & R. A. Noe (1999). "The Mentoring information Exchange Who Do Mentors Seek Information from Their Proteges?" *Journal of Organizational Behavior, 20*(2), 233-242.

Oliver, R. L. (1997). *Satisfaction: A Behavioral Perspective on the Consumer.* New York: Irwin/McGraw-Hill.

Oliver, R. L., Rust, R. T. & Varki, S. (1997). "Customer Delight Foundations, Findings, and Managerial Insight", *Journal of Retailing, 73*(3), 311-336.

Parasuraman, A., V. A. Zeithaml & L. L. Berry (1985). "A Conceptual Model of Service Quality and Its Implications for Future Research", *Journal of Marketing, 70*(3), 41-50.

Parasuraman, A., V. A. Zeithaml & L. L. Berry (1985). "Problems and Strategies in Service Marketing", *Journal of Marketing, 49*(1), 33-46.

Park, C. W., S. Y. Jun, & A. D. Shocker (1996). "Composite Branding Alliance: An Investigation of Extension and Feedback Effect", *Journal of Business Research, 33*(November), pp. 453-466.

Paul S. Richardson, Alan S. Dick, & Arun K. Jain (1994). "Extrinsic and Intrinsic Cue Effects on Perceptions of Store Brand Quality", *Journal of Marketing, Vol. 58,* pp. 28-36.

Richard Norman (1984). *Service Management: Strategy and Leadership.* N.Y.: John Wiley & Sons Inc.

Robertson, T. S., & Gatignon H. (1986). "Competitive Effects on Technology Diffusion", *Journal of Marketing, Vol. 50,* pp. 1-12.

Schmitt B. H. (1999). "Experiential Marketing", *Journal of Marketing Management, 15,* 53-67.

Schneider, B., White, S. S., & Paul, M. C. (1998). "Linking Service Climate and Customer Perceptions of Service Quality: Test of a Causal Model", *Journal of Applied Psychology, 83,* 150-163.

Shostack, G. L. (1984). "Designing services that deliver", *Harvard Business*

Review, January-February, pp. 133-139.

Soloman M. R. et al., (1985). "A Role Theroy Perspective on Dynamic Interactions", *Journal of Marketing,* Winter, p. 99.

Srivastava, R. & Shocker, A. (1991). *Brand Equity: A Perspective on Its Meaning and Measurement.* (Technical Working Paper, Report No 91-124). Cambridge, MA: Marketing Science Institute.

Voss, C., R. Johnston, R. Silvestro, L. Fitzgerald, & T. Brignall., (1992). "Measurement of innovation and design performance in service", *Design Management Journal,* 40-46.

Walters, C. G. (1978). *Consumer Behavior: An Integrated Framework.* New York: Richard D. Irwin Inc.

Wexley, K. & Latham, G. (1981). *Developing and Training Resources in Organizations.* Glenview, IL: Scott Foresmam.

Zeithaml, V. A. & M. J. Bitner (2000). *Services Marketing: Integrating Customer Focus Across the Firm* (2nd ed.). London: McGraw-Hill.

Zeithaml,V. A., M. J. Bitner, & D. D. Gremler (2006). *Service Marketing: Integrating Customer Focus Across the Firm* (4th ed.). McGraw-Hill.

Zerbe, W. J., D. Dobni & G. H. Harel (1998). "Promoting Employee Service Behaviour: The Role of Perception of Human Resource Management Practices and Service Culture", *Revue Canadienne des Sciences de l'Administration,15*(2), 165-179.